大型固废基地垃圾渗沥液处理与运营管理300问

张美兰　黄　皇　主编
徐　勤　林姝灿　副主编

化学工业出版社
·北京·

内 容 提 要

本书总结了上海老港废弃物处置有限公司渗沥液处理厂多年的处置、运营及管理经验，以公司目前运营的老港渗沥液处理厂一期、二期及扩建工程为主体，围绕不同来源渗沥液处理的基础概念、收集调配、工艺运营、设备运行维护和安全环保措施等，采用一问一答的形式进行编写。全书共六篇，300余问。

本书将通用知识与实际运营管理经验结合起来，可供从事垃圾渗沥液处理的专业技术与运营管理人员参考，也可以作为相关环卫作业单位的培训用书。

图书在版编目（CIP）数据

大型固废基地垃圾渗沥液处理与运营管理300问/张美兰，黄皇主编.—北京：化学工业出版社，2020.8（2023.1重印）

ISBN 978-7-122-37138-6

Ⅰ.①大… Ⅱ.①张…②黄… Ⅲ.①垃圾-渗沥液-处理-问题解答 Ⅳ.①X703-44

中国版本图书馆CIP数据核字（2020）第092911号

责任编辑：徐 娟　　文字编辑：邹 宁
责任校对：刘 颖　　装帧设计：刘丽华

出版发行：化学工业出版社（北京市东城区青年湖南街13号 邮政编码100011）
印 装：大厂聚鑫印刷有限责任公司
710mm×1000mm 1/16 印张9 字数171千字 2023年1月北京第1版第2次印刷

购书咨询：010-64518888　　售后服务：010-64518899
网 址：http://www.cip.com.cn
凡购买本书，如有缺损质量问题，本社销售中心负责调换。

定 价：73.00元

主　　编：张美兰　黄　皇

副 主 编：徐　勤　林姝灿

编写组成员（按姓氏拼音排序）：

蔡　华　曹跃华　陈春春　黄仁华　缪春霞

乔　涛　沈　忱　苏冬云　唐　佶　王佳俊

王　林　徐晓霞　张　健　周海燕　周　洁

朱英明

前言

上海老港废弃物处置有限公司（以下简称公司）隶属于上海城投环境（集团）有限公司，位于上海市中心东南约 60km 老港镇的东海之滨，南靠临港新城，北接浦东机场，注册资本 1.3 亿多元。 2009 年，市政府批准了《老港固体废弃物综合利用基地规划》（沪府规 [2009] 117 号），基地总面积约 29.5km^2，其中基地范围为 15.3km^2，规划建设控制范围为 14.2km^2，是上海市生活垃圾处理的战略处置基地。

公司下辖 4 个分公司、渗沥液厂、 2 个项目部（生物能源再利用中心、再生建材利用中心），经营范围涵盖了上海市区 70%以上生活垃圾的短驳运输和应急处置、污泥等固体废弃物的填埋、污水处理、废弃物资源综合利用技术开发、除臭、虫害、工程机械维修等各个方面，是目前国内规模最大的无害化、资源化、生态型废弃物处置基地。

公司多项科研成果分别获得国际技术专利、上海市科技进步和教育部科技进步一、二、三等奖。先后获得全国五一劳动奖状、全国文明单位、全国“安康杯”优胜企业“十六连冠”、全国“安康杯”示范企业、上海市文明单位“八连冠”、市国资委“红旗党组织”、上海市职工科技创新基地、上海市职工职业道德建设十佳标兵单位、上海市“和谐劳动关系达标企业”、上海市诚信企业等荣誉称号。

本书总结了上海老港废弃物处置有限公司渗沥液处理厂多年的技术、运营及管理经验，以公司目前运营的老港渗沥液处理厂一期、二期及扩建工程为主体，围绕不同来源渗沥液处理的基础概念、收集调配、工艺运营、设备运行维护和安全环保措施等，采用一问一答的形式进行编写。全书共六篇，分别为基础概念篇、收集调配篇、工艺运营篇、设备维保篇、安全环保篇、应急预案篇，总结了老港渗沥液处理厂的“水管家”管控体系下的雨污水收集调配特色、工艺管理优势、设备维修保养方法、安全环境管理方法及各工种一线技术人员的专业技术经验。

本书是由长期从事生活垃圾渗沥液处理运营管理及技术研发工作、身处一线、经验丰富的人员共同编写而成的，具有较强的系统性、实践性和一定的创新性。书中疏漏和不当之处在所难免，恳请读者斧正。

编者

2020 年 2 月

1 基础概念篇

2 收集调配篇

3 工艺运营篇

4 设备维保篇

6 应急预案篇

1

基础概念篇

1.1 概 述

1-1问 什么是渗沥液?

答：垃圾在堆放、收集、运输、填埋、焚烧及其他处置和资源化过程中，由于压实、发酵等生物化学降解作用，同时在降水和地下水的渗流作用下，产生一种含有高浓度的有机或无机成分的液体，称为垃圾渗沥液（又称渗滤液，渗沥水或浸出液，老港渗沥液处理厂统一标准称为渗沥液），简称渗沥液。

1-2问 影响渗沥液产生的因素有哪些?

答：影响渗沥液产生的因素有多种，包括垃圾分类等政策要求、堆放填埋等户外作业区的降水情况和防渗处理情况、垃圾的性质成分、码头和陆上运输转运的作业条件和渗沥液收集情况、场地的水文地质条件等。

1-3问 渗沥液的分类方式有哪些?

答：渗沥液的分类方式有多种，大致可根据其龄期、季节和来源等进行分类。按龄期，渗沥液可分为老龄渗沥液和新鲜渗沥液，也可根据填埋场运行的五个阶段分为五个龄期的渗沥液；按季节，渗沥液可分为夏季渗沥液和冬季渗沥液；按来源，渗沥液可分为填埋场渗沥液、焚烧厂渗沥液、湿垃圾渗沥液、码头集装箱渗沥液及其他来源的渗沥液。

1-4问 填埋场渗沥液的来源有哪些?

答：填埋场渗沥液主要来自五个方面。

(1) 降水的渗入。降水包括降雨和降雪，降雨的淋溶作用是渗沥液产生的主要原因。

(2) 外部地表水的流入。包括地表径流和地表灌溉。

(3) 地下水的渗入。当填埋场内渗沥液水位低于场外地下水水位时，没有设置到位的防渗系统，地下水就有可能渗入填埋场内。

(4) 垃圾本身含有的水分。包括垃圾本身携带的水分，以及从大气和雨水中的吸附的水分。

(5) 垃圾分解产生的水分。垃圾填埋后，垃圾中的有机组分在微生物的厌氧分解作用下也会产生水。

1-5 问 填埋场渗沥液的性质随填埋场运行时间的不同有什么变化规律?

答：填埋场的运行可分为五个阶段。

(1) 初始调节阶段。垃圾进入填埋场即进入初始调节阶段。此阶段内垃圾中易降解组分迅速与垃圾中所夹带的氧气发生好氧生物降解反应，生成二氧化碳（CO_2）和水，同时释放一定的热量。

(2) 过渡阶段。该阶段中，填埋场内氧气被消耗尽，填埋场内开始形成厌氧条件，垃圾降解由好氧降解过渡到兼性厌氧降解。该阶段垃圾中的硝酸盐和硫酸盐分别被还原成氮气（N_2）和硫化氢（H_2S），渗沥液 pH 值开始下降。

(3) 酸化阶段（四五年以下）。当填埋场中持续产生氢气（H_2）时，意味着填埋场稳定化，进入酸化阶段。在此阶段对垃圾降解起主要作用的微生物是兼性和专性厌氧细菌，填埋气的主要成分是 CO_2，渗沥液化学需氧量（COD）、挥发性脂肪酸（VFA）和金属离子浓度继续上升至中期达到最大值，此后逐渐下降；pH 值继续下降到达最低值，此后逐渐上升。

(4) 甲烷发酵阶段（5～10 年）。当填埋场 H_2 含量下降达到最低点时，填埋场进入甲烷发酵阶段，此时产甲烷菌把有机酸以及 H_2 转化为甲烷。有机物浓度、金属离子浓度和电导率都迅速下降，BOD/COD 下降（BOD 为生物需氧量），可生化性下降，同时 pH 值开始上升。

(5) 成熟阶段（10 年以上）。当填埋场垃圾中易生物降解组分基本被降解完后，垃圾填埋场即进入成熟阶段。该阶段由于垃圾中绝大部分营养物质已随着渗沥液排除，只有少量微生物对垃圾中的一些难降解物质进行降解，此时 pH 值维持在偏碱状态，渗沥液可生化性进一步下降，BOD/COD 会小于 0.1。但渗沥液浓度很低。

1-6 问 填埋场渗沥液的水量特点是什么?

答：填埋场渗沥液的产生受降雨量、蒸发量、地面径流、地下水渗入、垃圾性质、地下层结构、表层覆土和下层排水设施的设置情况等共同影响，其水量主要表现为三个特点。

(1) 受降雨量因素影响时，渗沥液的水量波动较大。

(2) 同一地区填埋场，单位面积的年平均产生量在一定范围内变化。

(3) 同一地区填埋场，年内不同季节的产水量波动较大。

1-7问 填埋场渗沥液的水质特点是什么?

答：(1) 污染成分复杂、水质波动较大。由于垃圾组分复杂，对应渗沥液中的污染成分复杂。包括有机物、无机离子和营养物质。其中主要是氨氮和各种溶解态的阳离子、重金属、酚类、可溶性脂肪酸及其他有机污染物。

填埋场渗沥液的水质波动主要受填埋时间和气候因素的影响，同一年内波动变化较大。

(2) 有机物浓度高。填埋场渗沥液的BOD和COD浓度最高可达几万毫克/升，随着填埋时间的推延逐渐降低，仍达到几千毫克/升的水平。

(3) 氨氮浓度高。氨氮浓度随填埋时间的增加而相应增加，渗沥液中的氮多数以氨氮形式存在，氨氮含量随填埋年数的增加而增加，目前一般认为在1500～2000mg/L，但也可高达4000mg/L左右。

(4) 重金属离子浓度和盐分含量高。生活垃圾单独填埋时，重金属含量会较低；但在与工业废物或污泥混合填埋时，重金属含量和盐分含量都会升高，会对一般生化处理的方式产生抑制毒害的作用。

(5) 垃圾降解过程产生的CO_2溶于渗沥液中使其偏酸性。在这种酸性条件下，垃圾中不溶于水的碳酸盐、金属及重金属氧化物等无机物发生溶解，继而使焚烧厂渗沥液中含有种类繁多且含量超标的重金属类物质。

1-8问 焚烧厂渗沥液的来源有哪些?

答：焚烧厂渗沥液主要来自以下方面。

(1) 生活垃圾中的水分。生活垃圾中的水分包括外在水分和内在水分。外在水分即垃圾各组分表面保留的水分，内在水分即垃圾各组分内部毛细孔中的水分。在全国各省市地垃圾分类逐步试行后，干垃圾含水率会逐渐下降。

(2) 为提高垃圾热值，新鲜垃圾在垃圾储坑中会放置3～7d，垃圾中的有机物在微生物作用下经过厌氧反应和好氧反应发生降解，生成的无机物与可溶性污染物大量渗沥出来，从而形成渗沥液。

1-9问 焚烧厂渗沥液的水量特点是什么?

答：焚烧厂的水量主要受气候水文条件和当地城市处理技术及垃圾收集政策的影响。

(1) 渗沥液的水量受降雨影响波动较大，一般每年5～9月（夏季），水量较高，最高月为7月和8月，处于丰水期。在天气转冷之后，渗沥液的水量会逐渐减少，进入枯水期。这种情况的发生主要与人们在不同季节的生活习惯差异、不同温度下微生物的生化作用以及发酵时间长短等因素有较大的相关性。

(2) 不同城市在垃圾转运站的设置和运营管理方面不同，部分城市在中转站设置压缩机进一步浓缩城市生活垃圾，压缩产生的渗沥液、冲洗水等排污水直接进入渗沥液处理系统；而部分城市的转运站只是简单放置中转，甚至在弃置状态下经过24h，渗沥液和地面冲洗水随垃圾一同送入焚烧厂处理。此外，垃圾分类新时尚的逐步践行后，部分施行城市渗沥液产生总量下降。

1-10问 焚烧厂渗沥液的水质特点是什么?

答：由于城市垃圾组分复杂，再加上管理方式差异、渗沥液产生机制的多重影响，焚烧厂渗沥液水质也不尽相同，主要存在五个方面的特点。

(1) 水质复杂、含有多种污染物。其观感表现为黑褐色、黏稠状、强恶臭。老港渗沥液厂所收集的焚烧厂渗沥液中含有99种化合物，22种被列为我国和美国国家环境保护局环境优先控制污染物的黑名单。此外，含有复杂的重金属污染物以及较高浓度的氨氮和含氮有机物。同时，渗沥液种还含有大量的细菌、病毒等病原微生物。

(2) 有机物浓度高。渗沥液中的有机物通常可以分为三类：低分子量的脂肪酸、腐殖酸等高分子的碳水化合物、中等分子量的黄霉酸类物质。垃圾在焚烧厂垃圾坑中停留的时间较短，渗沥液中的挥发性脂肪酸没有经过充分的水解发酵，含量较多，意味着垃圾焚烧厂的渗沥液可生化性较高，其中COD浓度可达60000mg/L，个别地区可达10^5mg/L以上，BOD/COD最高达到0.6以上。

(3) 氨氮含量高。同填埋场渗沥液类似，垃圾本身蛋白质等含氮有机物易被溶出或在微生物作用下水解，小分子物质在氨化细菌的作用下分解，产生氨气。焚烧厂的渗沥液氨氮浓度较高，一般在1000～2000mg/L左右，如此高的氨氮浓度也为焚烧厂渗沥液处理带来了难度，要求处理工艺具备较高的脱氮能力。

(4) 重金属离子浓度和盐分含量高。由于垃圾中含有较多的重金属离子与盐分，在渗滤过程中将重金属离子与盐分带入渗沥液中，造成渗沥液中的重金属离子与盐分含量较高，该点从渗沥液的电导率高达30000～40000μS/cm可以看出。

(5) 焚烧厂渗沥液呈酸性。由于焚烧厂渗沥液属于原生渗沥液，未经过厌氧发酵、水解、酸化过程，与填埋场渗沥液不同，其内含有大量的有机酸，造成焚烧厂渗沥液pH值较低，一般在4～6。

1-11 问　餐厨垃圾渗沥液的来源是什么?

答：餐厨垃圾渗沥液是指餐厨垃圾（餐饮垃圾和厨余垃圾）经脱水后的废液，经过砂水分离器进入湿式厌氧系统后，离心脱水得到的脱水沼液。

1-12 问　餐厨垃圾渗沥液的水质和水量特点是什么?

答：餐厨垃圾渗沥液受多种因素的影响，水质水量波动大，有机物、氨氮浓度高，含有大量的油脂、胶体粒子和悬浮物，主要成分为动植物油脂、无机盐分、表面活性剂、蛋白质和氨基酸等，极易散发恶臭、滋生蚊蝇。

1.2 渗沥液处理的重要性

1-13 问　渗沥液对环境有什么危害?

答：渗沥液严重危害环境和人身健康，需要妥善处理处置，其主要存在四个方面的危害。

(1) 侵占地表。我国的淡水资源总量小，在人口压力下，人均相当少。在此背景下，未及时处置的渗沥液侵占大量土地的贮存空间，严重影响了工农业的生产和人们的正常生活。渗沥液还会影响自然环境美观，破坏大自然生态平衡。

(2) 传播疾病。渗沥液中含有大量微生物，是细菌、病毒、害虫等的滋生地和繁殖地，通过蚊虫叮咬以及气味传播等各种途径影响人类健康。

(3) 污染土壤水体。渗沥液渗入土壤，会改变土壤的成分、结构和理化性质，致使土壤肥力下降，在这类土壤上种植的作物，会通过食物链影响人类健康。在雨水的作用下，渗沥液会造成地表水和地下水的严重污染，影响水生生物的生存和水资源的利用。

(4) 滋生蚊蝇。在露天场区易导致恶臭，老鼠成灾，滋生蚊蝇。

1-14 问　渗沥液处理的过程需遵循的相关法律及主要设计规范有哪些?

答：需遵循《中华人民共和国环境保护法》《中华人民共和国水污染防治法》《中

华人民共和国大气污染防治法》《中华人民共和国固体废物污染环境防治法》《中华人民共和国安全生产法》《中华人民共和国职业病防治法》《中华人民共和国消防法》《中华人民共和国消防条例》《中华人民共和国消防条例实施细则》和《生产经营单位安全培训规定》等法律。

采用《生活垃圾填埋场污染控制标准》(GB 16889—2008)、《生活垃圾填埋场渗沥液处理工程技术规范》(HJ 564—2010)、《室外给水设计规范》(GB 50013—2018)、《室外排水设计规范》(GB 50014—2006)、《恶臭污染物排放标准》(GB 14554—93)、《环境空气质量标准》(GB 3095—2012)、《上海市恶臭(异味)污染物排放标准》(DB 311025—2016)、《上海市大气污染物综合排放标准》(DB 31/933—2015)、《地表水环境质量标准》(GB 3838—2002)和《生活垃圾渗沥液处理技术标准》(征求意见稿)等主要设计规范。

2

收集调配篇

2.1 概述

2-15 问 上海老港生态环保基地“水管家”管理的内容有什么?

答：上海老港生态环保基地（以下简称基地）占地面积大，在整个基地的运营生产及生活过程中，存在基地地表水、地下水、渗沥液、雨水、冲洗水、尾水等清污水的产生及处理、排涝防汛、循环利用等工作。“水管家”是一个管理平台，将与这些水相关的使用、排放及处理纳入统一管理，管理内容包括设施建设、渗沥液处理设施的运营、人员配置和制度规范等。

2-16 问 “水管家”的管理范围有什么?

答：基地水体大体分为三大类，渗沥液、雨污水、河道水。涉及这三类水体的区分、处置、回用和达标排放等问题，都属于“水管家”协调统一的范围。

老港一期～四期、综合填埋五期、焚烧厂与船上渗沥液的搜集、转运以及水质调配都归“水管家”管理。基地内 4 个渗沥液处理厂的日常运营监管也必须统一归口管理。

除此之外，基地自身的地表水、地下水、雨水、冲洗水、尾水等清污水也已纳入管理范围。

2-17 问 建立“水管家”管理有什么必要性和意义?

答：基地经过不断的发展，占地面积由 $2.04km^2$ 扩大到现在的 $29.5km^2$，垃圾处置量也由 200t/d 扩大到 15000t/d。处置的垃圾也由单一生活垃圾，到现在有生活垃圾、市政污泥、飞灰、建筑垃圾等。基地内需要处理的渗沥液也由单一的生活垃圾渗沥液扩展到填埋库区渗沥液、焚烧厂渗沥液、污泥渗沥液、湿垃圾渗沥液等。随着处理规模的不断扩大，原有的管理机制已经无法满足日益复杂的运营调配和防汛防涝等环保安全保障方面的要求，需建立基地“水管家”，提高基地整体运营水平，彻底消除水环境安全隐患。

2-18问 “水管家”的机构是如何设置的?

答：基地采用“1+4”的管理模式。设置一个渗沥液综合管理项目部，四个工作支队，分别是：源头渗沥液提质减量支队、水质水道水位水管水口巡检检测支队、5200t渗沥液处理运管支队、渗沥液督查协调支队。

2-19问 “水管家”综合管理项目部的人员设置和功能职责是什么?

答：“水管家”综合管理项目部设经理1名，副经理2名，助理1名，业务管理人员4名，合计8人（其中4人兼职，1人调任）。其主要的功能职责为：负责制定基地渗沥液源头“减量机制、共享机制、生态机制”的规章制度，并组织执行监管；负责对基地内公共区域水体、水道等统一管理，对阀门（清、污）进行统一调度监督；负责基地内、综合填埋场、集装箱车辆、码头渗沥液源头管理及船上渗沥液收集管理项目的运营管理，进行监督、考核和处罚；负责对老港一期～三期氧化塘项目、1500t应急渗沥液处理托管的日常运营管理；负责对基地渗沥液外排的对外协调工作。

2-20问 “水管家”源头渗沥液提质减量支队的功能职责是什么?

答：设支队长1名、管理人员若干名，合计30人。主要负责渗沥液集装箱船、车、填埋场、码头源头收集、减量运营和监管。确保渗沥液不进入、少进入填埋场；督促检查雨污分流的落实（可膜覆盖业务划并管理），确保雨污分流真正有效运营。

2-21问 “水管家”水质水道水位水管水口巡检检测支队的功能职责是什么?

答：负责各水体通道、排污口、水质检查、巡逻等综合管理。

2-22问 “水管家” 5200t渗沥液处理运管支队的功能职责是什么?

答：该支队下分3个子支队，第一子支队为一至三期500t氧化塘运营管理支队，负责散装码头污水收集监管、500t提标运营和监管，由渗沥液厂增加一名管理人员垂直管理负责（渗沥液厂兼职）。第二子支队为1500t运营监管支队，负责1500t应急提标运营和监管。第三子支队为3200t运管支队，负责3200t提标运营和监管，由渗沥液厂增加一名管理人员垂直管理负责（渗沥液厂兼职）。

2-23问 “水管家”渗沥液督查协调支队的功能职责是什么?

答：污染负荷节能减排运管支队。负责突发水环境污染事件与公安、边防、消防等协调；负责与基地内相关单位管理机构的综合协调；负责综合管理队伍责任制量化考评等管理工作（渗沥液厂兼职）。

2-24问 “水管家”的三个“秘密武器”是什么?

答：三个相关“秘密武器”是一志、一群、一访。

“一志”就是工作日志，实行工作日志制度，每天都要将基地辖区内需要检修的设施、存在的排水问题及其他突发情况等按条逐步分析。

“一群”就是企业客户微信群。雨污水服务代表在每个管理区块都建立包括雨水、渗沥液、排放口等在内的“五位一体”（经济建设、政治建设、文化建设、社会建设、生态文明建设五位一体）客户微信群，第一时间处理基地六大水系统，在微信群里提出的用水服务咨询；同时与施工队伍建立工作交流微信群，对发生的问题、指标、数据进行分析，实时严格把关，逐一及时处理。

“一访”就是定期走访。供水服务代表准确搜集各供水服务组内居委、物业、重点客户的联系方式，建立客户信息台账，定期走访排摸。

2-25问 船上渗沥液的收集有什么重要性?

答：基地以水运为主，每天到港的生活垃圾船只可达40条，其中约30条为集装箱垃圾船，途经10～15h，过程中产生150～200t/d的垃圾渗沥液。渗沥液在船内发酵，不仅容易造成环境污染事件，还会腐蚀船体。如不及时抽取，在起卸、运输过程中会造成滴漏，严重污染周边环境。

2-26问 船上渗沥液收集工程如何运行?

答：该工程设计收运规模200t/d，10年使用年限。利用专用渗沥液收集船只，将其紧靠在生活垃圾船只旁，船与船之间用缆绳加以固定，运用抽水泵放入垃圾船只抽渗沥液口，将垃圾船内的渗沥液抽入渗沥液收集船。满载渗沥液收集船停靠到简易码头，简易码头设有船体浮排，便于船体与码头连接，码头设置倒置式 L 形伸缩支架，配置一台自吸泵提取船上渗沥液，途经流量计、过滤器、管道输送到调节池。

2-27 问 为什么南码头（3# 码头）需要进行雨污分流改造?

答：原南码头的污水排放沟是在场地上设两条 300mm 宽的明沟。场地雨水由明沟收集后通过雨水排水管道排至码头南侧集水井，然后通过集水井的阀门将初期雨水和后期雨水分别排入污水池和直排港池。但是由于集装箱存在密封条损坏等原因，造成渗沥液滴漏，导致下雨时渗沥液与雨水混合进入集水井，使得集水井底部一直有一定量的污染水，综上原因造成了明沟内收集的“雨水”不能直排港池。

2-28 问 南码头实现雨污分流的具体改造技术有哪些?

答：设计将明沟所在排水区域进行了分区，将南码头分为有渗沥液存在的堆箱区、运营车道和无渗沥液存在的非堆箱区，将堆箱区排水沟污染水排至原集水井污水池，将非堆箱区排水沟收集的雨水直接排入港池（详见图 2-1）。

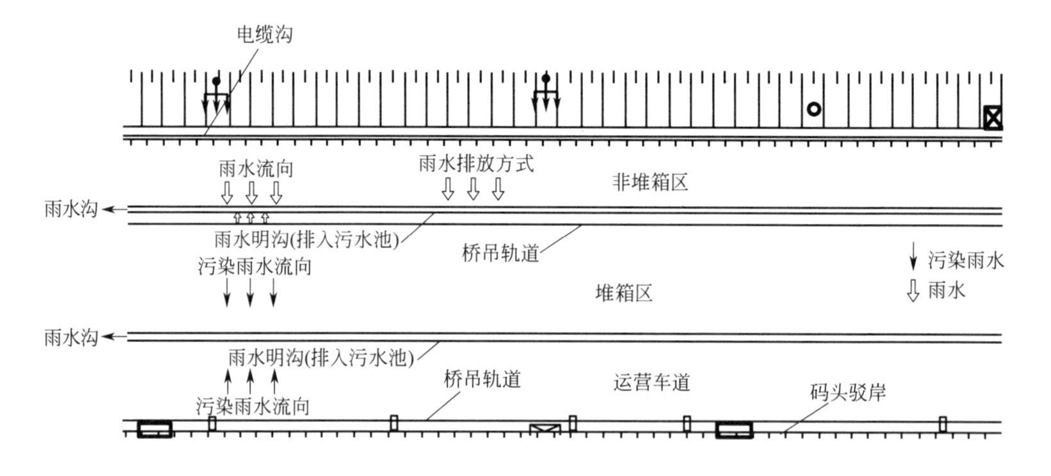

图 2-1 雨污分流分区的方式

为更有效地进行雨污分流，设计将堆箱区、运营车道区域做了进一步划分，将这个区域1#～16#箱位划分为有滴漏的重箱区，其余箱位划分为无滴漏的区域。由于现排水沟设计时只能排一种水质的水，设计在排水沟中放置一条高密度聚乙烯（HDPE）管道，使现排水沟能“一沟两用”，排水沟内排水管排污染水，排水沟仍旧排雨水；同时为防止分区内发生雨水意外污染等突发情况，设计在排水沟末端安装闸门进行控制和切换，这样进一步分区后预计每年可再减少污染水超过9000m^3。

2-29问 为什么要对4个500t渗沥液处理项目的水质进行调配和监管?

答：基地中的渗沥液来源多样，且不同来源渗沥液的水质特点相差较大。垃圾填埋场与焚烧厂的渗沥液COD、氨氮等指标差距很大。一、二、三期填埋场由于封场且有地下水渗入，导致COD、氨氮等指标很低。而焚烧厂与生物能源再利用中心的渗沥液COD能达到80000mg/L以上，负荷较高。故需要将高低负荷的渗沥液进行调配混合，以求达到理想的进水水质。渗沥液经过处理后达标的尾水可以实现资源化利用，可以用来冲洗路面，冲洗反渗透膜等。

2-30问 “水管家”是如何通过合理的调配减少外用碳源的使用量的?

答：基地内渗沥液的主要来源有填埋场和焚烧厂，其水质差距较大。填埋场一、二、三期的渗沥液由于封场时间长，有地下水渗入，其COD＜1000mg/L。综合填埋场调节池的出水其渗沥液COD只有5000～8000mg/L。而焚烧厂的渗沥液由于没有经过厌氧发酵过程，其COD根据季节的不同在40000～80000mg/L之间波动，且可生化性较好。“水管家”根据各个渗沥液处理项目的工艺和各个渗沥液的水质情况进行水量调配，设计水质均化调节系统（配水井及调节池），采用焚烧厂产生的可生化性较好的渗沥液原液与填埋场渗沥液进行适当的混合调配，提高渗沥液的可生化性，使渗沥液处理系统的进水水质维持较好的可生化性和较好的碳氮比。

2-31问 “水管家”四个全面目标是什么?

答：四个全面指的是全水体、全监管、全过程、全利用。“水管家”覆盖整个基地，管辖权覆盖所有水体，对于各类渗沥液的收集、调运、处理及各处理设施的处理达标排放都纳入统一的监管。建立基地水系统水资源开发利用激励措施，在条件成熟的情况下，建设渗沥液＋湿地生态主题公园，力争利用现代技术，充分发挥人工干预功能，建成一个集生态、处理、休闲功能于一体的公园。

2.2 管线班组的工作

2-32 问　管线班组工作人员的工作职责是什么？

答：(1) 巡检渗沥液输送管线上的电箱、泵、阀门等设备，确保输送管道正常运行。

(2) 记录每个库区的液位，并根据实际要求对库区进行取样送检。

(3) 巡检填埋场附近的明沟有无污染情况，并定期利用清新河等河水更换明沟内的水。

(4) 在暴雨、台风等强降雨天气下，做好雨污分流工作，及时做好导流措施，防止雨水进入填埋库区。

(5) 负责源头渗沥液的收集工作，根据领导指示正确地向各个处理设施调配水，处理达标后尾水的外排工作。

2-33 问　为了实现外排尾水的输送工作，基地配置了哪些设施？

答：基地外排管线有近 20km 的外派管线，设有起点泵站和中途泵站，其中有 10 个倒虹井、12 个多功能井、35 个三通井。

2-34 问　管线出现异常情况时，有哪些应急措施？

答：(1) 渗沥液处理厂有近万立方米的调节池，可以暂存外排尾水。

(2) 可以临时应急将管道切换至海滨污水厂。

2-35 问　为了防止中途泵站发生突发停电状况，有哪些保障措施？

答：为了应对突发停电现状，渗沥液厂的定点维护单位电管家可以在 2h 内利用应急发电机组临时供应电源，维持中途泵站的正常运行。

2-36 问 为什么要对中途泵站实行远程中控？

答：除了日常的巡检之外，对中途泵站可以实现远程中控。远程中控能够实时查看工作状态是否正常，检查设备用电情况、泵的流量、外排池和调蓄池液位是否正常。

2-37 问 管线班组的工作人员应该具有哪些职业技能？

答：(1) 在巡检过程中能够及时发现管道、水泵、阀门、集水井等设施的故障隐患。

(2) 能够根据上级领导的指示要求，及时正确地进行各种水质的输送调配工作。

(3) 能够针对实际运行中的一些情况，发现存在的安全隐患，并提出合理化建议。

2.3 基地内渗沥液的收集和运输工作

2-38 问 基地中需要处理的渗沥液主要来自哪里？

答：主要来自一、二期焚烧厂，一、二、三期填埋场，合资四期填埋场，综合一、二期填埋场，生物能源再利用中心渗沥液，应急湿垃圾以及垃圾运输船上的渗沥液收集装置。

2-39 问 基地一至三期填埋场的渗沥液水质情况如何？

答：基地的填埋场分为三个大项目。一至三期从 1985 年 12 月开工建设，共分五期完成建设，从 1990 年开始填入垃圾，于 2007 年完成填埋后退役。2008 年 12 月陆续启动封场及生态修复，2012 年 1 月验收竣工。

一至三期填埋场由于当时建设标准较低，库区未做任何防渗层，仅做了简易的导排盲沟，由于地下水渗入，目前封场区域的渗沥液各项指标都很低。

2-40问 基地一至三期填埋场的渗沥液收运方式及收集难点有哪些?

答：一至三期封场，在封场库区中设置32个渗沥液收集井，在收集井中安装提升泵，途经HDPE（高密度聚乙烯）管道将渗沥液输送到北氧化塘调节池。一至三期封场，因当初设计标准较低，未设置底部防渗层，导致有抽不尽的渗沥液。

2-41问 基地合资四期填埋场的渗沥液水质有何特点?

答：基地合资四期填埋场于2004年3月工程开工，2005年2月试运行，设计日处理规模4900t。四期填埋场堆体比较高，库区比较大，最高峰填埋量超过设计约220%，大量的渗沥液一部分暂存，另一部分囤积在库区堆体中，随着填埋量的减少，渗沥液的老龄化，渗沥液各项指标也比较低。

2-42问 合资四期填埋场中的渗沥液收运方式及收集难点有哪些?

答：合资四期填埋场中，渗沥液由库区提升泵直接输送至调节池，部分渗沥液通过渗沥液管道输送到老港渗沥液处理厂协同处理。难点在于合资四期填埋场不仅库区庞大，而且堆体又高，雨污分流较为困难，导致渗沥液浓度比较低。

2-43问 基地综合填埋场的渗沥液水质情况如何?

答：基地综合一期填埋场2011年11月开工建设，2013年1月投入运营，总库容2175万立方米，堆体顶部标高最大为46m。综合二期填埋场于2017年9月开工建设，2019年6月投入运营。综合一、二期填埋场都严格按照《生活垃圾卫生填埋技术规范》(CJJ 17—2004) 和《生活垃圾填埋污染控制标准》(GB 16889—2008) 要求进行设计、施工和运行管理。填埋库区分为生活垃圾、飞灰和污泥三个填埋区域。综合一、二期填埋场的渗沥液较为复杂，有垃圾渗沥液、污泥渗沥液、飞灰渗沥液和分拣残渣渗沥液。

2-44问 综合填埋场中渗沥液的收集方式及收集难点是什么?

答：综合一、二期填埋场中的渗沥液通过生活垃圾库区、污泥库区和飞灰库区内收集井，单独输送到调节池，再由调节池输送到 4×500t 及老港渗沥液处理厂。合资四期填埋场库区不仅庞大，而且又高，雨污分流较为困难，导致渗沥液浓度比较低。

2-45 问 生物能源再利用中心渗沥液水质情况如何?

答：生物能源再利用中心于 2018 年 9 月 30 日开工建设，2019 年 10 月投入运营，总处理规模 1000t/d，其中餐饮垃圾 400t/d，厨余垃圾 600t/d，餐饮垃圾主体工艺为机械预处理和湿式厌氧，厨余垃圾主体工艺为机械筛分和干式厌氧。渗沥液中有机物氨氮浓度高，含有大量的油脂（包括动物类油脂和少量石油类油脂）。

2-46 问 生物能源再利用中心渗沥液的收集方式是什么?

答：餐饮垃圾与厨余垃圾中的水分，在进料、运输和处置过程中，通过沥水池收集，经过除砂装置预处理后进入湿式厌氧系统、离心脱水后，外排至渗沥液处理厂二期调节池。

2-47 问 "水管家"现有的渗沥液如何调配?

答：目前基地中需要处理的渗沥液主要有：一至三期填埋场封场后渗沥液，日常填埋作业产生的渗沥液以及焚烧厂、湿垃圾处理厂的渗沥液。在一至三期填埋场封场后，水质已经基本稳定，COD 浓度低于 1000 mg/L。鉴于其水质稳定情况，适合经济便捷的工艺，故将其中的渗沥液送至同济鹭滨环保科技（上海）股份有限公司 500t/d 项目处理。

启迪水务（上海）有限公司、上海嘉园环保有限公司、上海市环境工程设计科学研究员有限公司三个 500t/d 项目负责处理一期焚烧厂及综合填埋场的渗沥液。3200t/d 项目负责处理一、二期焚烧厂、合资四期填埋场、综合填埋场以及湿垃圾的渗沥液。

2-48 问 渗沥液处理厂一、二期工程主要处理的渗沥液来源及调配原因是什么?

答：3200t/d 渗沥液处理厂处理的废水主要来自生物能源渗沥液，一、二期焚烧厂废水，以及合资四期、综合一、二期填埋场的渗沥液。填埋场与焚烧厂的水质差距较大。具体水质见表2-1。

表2-1 焚烧厂和填埋场渗沥液的水质差异

渗沥液来源	pH值	COD/(mg/L)	NH_3-N/(mg/L)	SS/(mg/L)	电导率/(μS/cm)
焚烧厂	3.89～7.66	14200～83900	195～2410	660～12080	29400～33500
填埋场	6.78～8.31	1420～24500	160～4030	200～2400	30300～61000

将COD高的焚烧厂废水进行厌氧处理后，再与填埋场、生物能源的渗沥液进行适当配比，确保进入生物膜系统（MBR系统）的碳氮比和COD负荷在一个合理的区间。这样高低浓度的渗沥液进行配比，避免了碳源的投入，节省了运营成本。

3

工艺运营篇

3.1 渗沥液厂工艺系统的介绍

3-49问 老港渗沥液厂一期的建设目的是什么?

答：根据规划，老港基地渗沥液拟采用集中建设的方案，随着各处置项目的逐步建设和实施，老港基地的渗沥液产量也呈现分年度变化。预测见表3-1。

表3-1 老港基地渗沥液产量预测一览表 单位：m^3/d

序号	名称＼年份	2010	2011	2012	2013	2016	远期
1	前三期	1600	1200	1000	800	700	200
2	四期	3000	2300	2300	2000	1500	1500
3	综合填埋场一期工程		1500	1500	1000	1000	1000
4	焚烧厂				750	1500	1500
5	工业固废填埋场		60	60	60	60	60
6	码头	400	100	100	100	100	100
7	舱底水	150	50	50	50	50	50
8	生活污水				50	50	50
	水量合计	5150	5210	5010	4810	4960	4460

预计未来老港填埋场的渗沥液产量在4460～5210 m^3/d内波动。远期如老港垃圾处理规模不变，而前三期1000m^3/d渗沥液可逐步不处理，远期的渗沥液产量将控制在5000m^3/d以内。基地渗沥液处理项目主要是老港四期工程配套渗沥液处理厂和老港渗沥液厂一期工程即将新建的渗沥液处理厂，老港四期处理能力平均约为1800m^3/d。据此，老港渗沥液厂一期工程渗沥液处理规模定为3200m^3/d，焚烧厂、填埋场渗沥液各为1600m^3/d。

3-50问 老港渗沥液厂一期工程包括哪些设施?

答：包括4个调节池，1个外排池，1个均质池，1个厌氧预处理池，2个中间沉淀池，4个厌氧罐，1个双模储气柜，1个沼气预处理设施，1座脱硫设施，1个火炬，1台锅炉，4个厌氧罐，4个MBR（膜生物反应器）池，8个冷却塔，16组超滤，2组纳滤，1组反渗透，4台离心机，1座平板膜，1座活性炭处理装置，1个除臭系统，1个超滤清液池，1个臭氧处理装置，1个MVC设施（蒸压缩法水处理设施）。

3-51 问 老港渗沥液厂一期工艺流程是什么?

答：具体流程如图 3-1 所示。

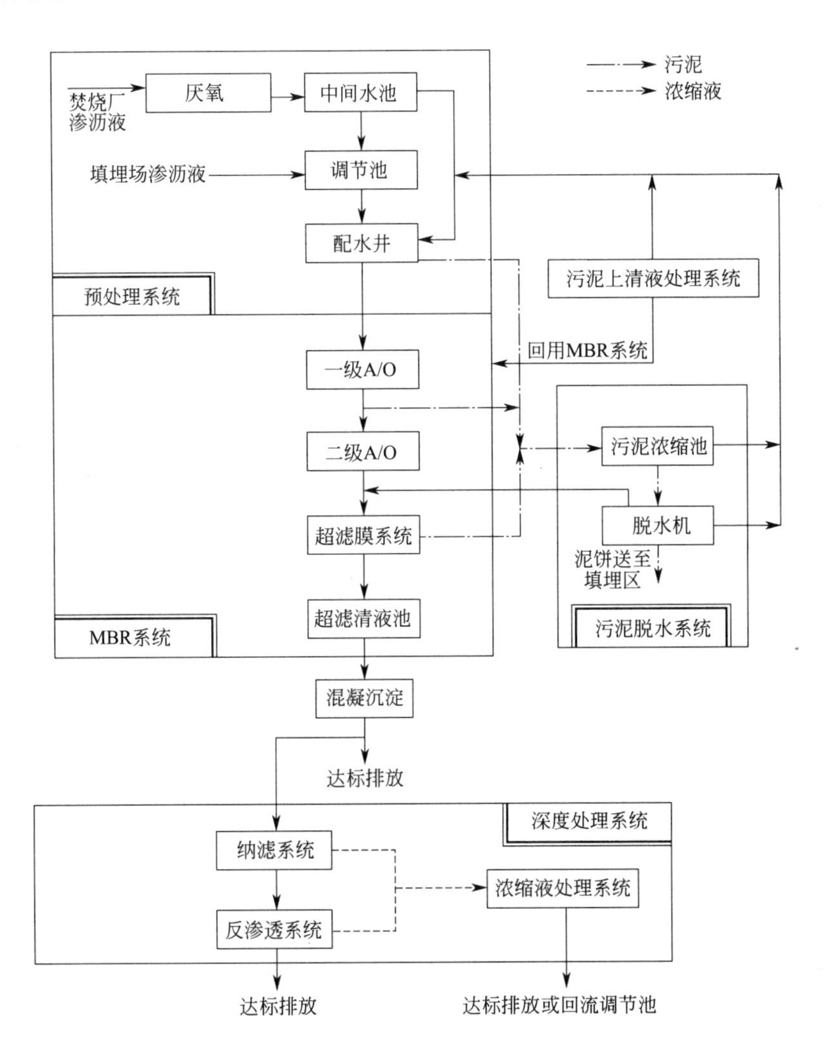

图 3-1 老港渗沥液厂一期工艺流程

3-52 问 老港渗沥液厂二期的建设目的是什么?

答：完成处理后的渗沥液能够达到国家《污水综合排放标准》(GB 8978—1996）以及《上海市污水排放综合排放标准》(DB 31/199—2009）相关标准。出水水质尽量达到《生活垃圾填埋场污染控制标准》（GB 16889—2008）要求，其中COD≤100mg/L，总汞、总镉、总铬、六价铬、总砷、总铅、COD等污染物浓度达到该标准表2（见表3-2所列）要求。

表3-2　现有和新建生活垃圾填埋场水污染物排放浓度限值

序号	控制污染物	排放浓度限值	污染物排放监控位置
1	色度(稀释倍数)	40	常规污水处理设施排放口
2	化学需氧量(COD_{Cr})/(mg/L)	100	常规污水处理设施排放口
3	生化需氧量(BOD_5)/(mg/L)	30	常规污水处理设施排放口
4	悬浮物/(mg/L)	30	常规污水处理设施排放口
5	总氮/(mg/L)	40	常规污水处理设施排放口
6	氨氮/(mg/L)	25	常规污水处理设施排放口
7	总磷/(mg/L)	3	常规污水处理设施排放口
8	粪大肠菌群数/(个/L)	10000	常规污水处理设施排放口
9	总汞/(mg/L)	0.001	常规污水处理设施排放口
10	总镉/(mg/L)	0.01	常规污水处理设施排放口
11	总铬/(mg/L)	0.1	常规污水处理设施排放口

3-53问　老港渗沥液厂二期有什么设施？

答：包括纳滤10组，反渗透2组，物料膜2组，DTRO（蝶管式反渗透）2组。

3-54问　老港渗沥液厂二期工艺流程是什么？

答：工艺流程如图3-2所示。

3-55问　老港渗沥液厂扩建的建设目的是什么？

答：项目服务范围为基地内综合填埋场二期渗沥液及湿垃圾处理厂产生的废水，同时兼顾上海老港再生能源利用中心一、二期渗沥液的水量存储和老港渗沥液处理厂一期的水质水量调配。

3-56问　老港渗沥液厂的扩建设施有哪些？

答：包括新建组合池、MBR池、出水池、污水收集池、膜处理车间、污泥处理车间、建筑残渣渗沥液预处理车间、变电所及鼓风机房、除臭设备基础等，还包括配套的工艺、电气、仪表、给排水、环保、绿化等设施设备。

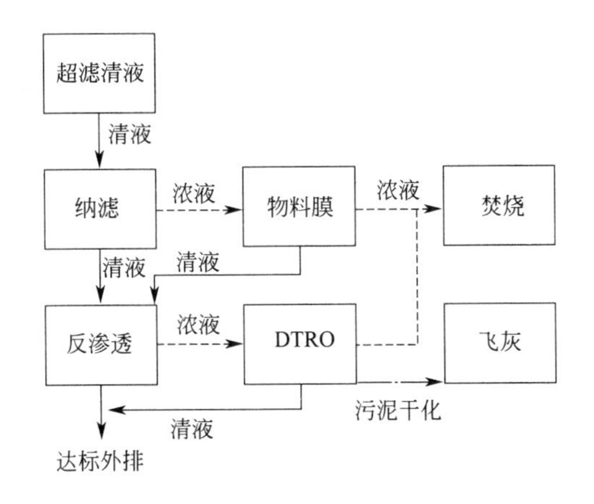

图 3-2 老港渗沥液厂二期工艺流程

3-57 问 老港渗沥液厂扩建工艺流程是什么?

答：扩建工艺流程如图 3-3 所示。

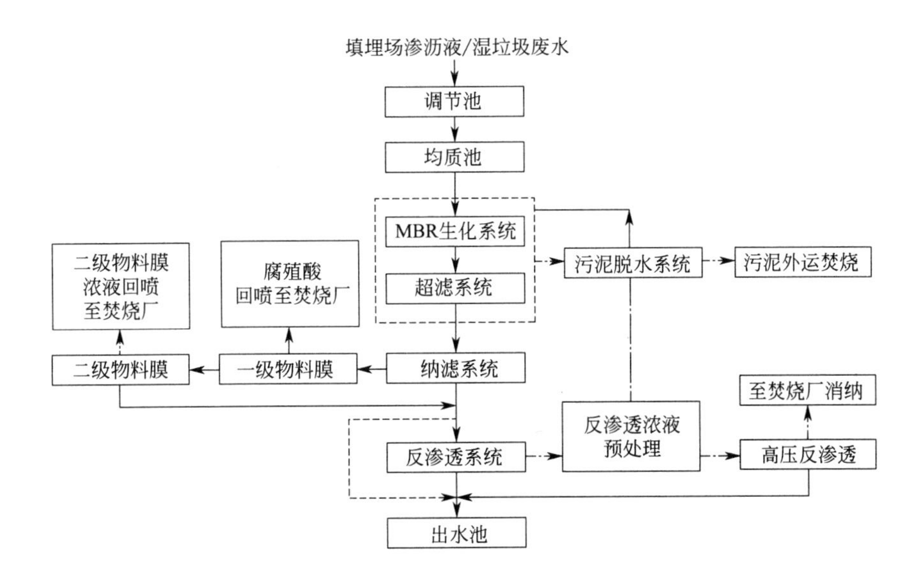

图 3-3 老港渗沥液厂扩建工艺流程

3-58问 污水处理系统一般有哪些专用设备?

答：各类污水泵、污泥泵、计量泵、螺旋泵、空气压缩机、罗茨鼓风机、离心鼓风机、消化池污泥搅拌设备、沼气锅炉、热交换器、药液搅拌机和污泥脱水机等。

3-59问 污水处理系统一般有哪些专用电气设备?

答：交直流电动机、变速电机、启动开关设备、照明设备、避雷设备、变配电设备（包括电缆、室内线路架空线、隔离开关、负荷开关、熔断器、少量油开关、电压互感器、电流互感器、电力电容器、断电器、保护器、自动装置和接地装置等）。

3-60问 污水处理系统一般有哪些仪器仪表?

答：各种天平、化验室常用分析仪器、电磁流量计、液位计、空气流量计和溶解氧测定仪等。

3-61问 污水处理系统设备管理要点主要有哪些?

答：污水处理系统设备管理有以下四个要点。

（1）使用好设备。各种设备都要有操作规程、规定操作步骤。设备操作规程主要根据设备制造厂的说明书的现场情况相结合而制订。工人必须严格按照操作规程进行操作。设备使用过程中要做工况记录。

（2）保养好设备。各种设备都应制订保养条例，保养条例根据设备制造厂的说明书的现场情况结合而制订，也可把保养条例放在操作规程一起。保养条例中包括进行清洁、调整、紧固、润滑和防腐等内容。保养工作同样应做记录。保养工作可分为：例行保养，指运转中的巡视检查保养；定检保养，指定期停机检查保养；停放保养，指备用机组或闲置设备的保养；换季保养，指设备入夏、入冬、梅雨期等季节性需要的保养工作，包括采取防晒、防寒、防潮、降温等措施。

（3）检修好设备。对主要设备制订设备检修标准，通过检修恢复技术性能。有些设备要明确大、中、小修界限、分工落实。对主要设备必须明确检修周期，实行定期检修，不要到损坏十分严重时再想到修理。对常规修理，应制订检修工料定额，以降低检修成本，每次检修都应做详细记录。

(4) 管好设备。这里所说的“管”，是指设备购置—安装—调试—验收—使用—保养—检修—报废—更新全过程的管理工作。其中还包括设备的资金管理（大修费、折旧费等），对每一个环节都应制订规定。

3-62 问 污水处理系统设备完好的标准是什么?

答：(1) 设备性能良好，各主要技术性能达到原设计或最低限，应满足污水处理生产工艺要求。

(2) 操作控制的安全系统装置齐全、动作灵敏可靠。

(3) 运转稳定，无异常振动和噪声。

(4) 电器设备的绝缘程度和安全防护装置应符合电器安装规程。

(5) 设备的通风、散热和冷却、隔声系统齐全完整，效果良好，温升在额定范围内。

(6) 设备内外整洁，润滑良好，无泄漏（漏油、漏气、漏风、漏水）。

(7) 运转记录、技术资料齐全。

3-63 问 怎样保证动力设备始终保持良好的工作状态?

答：所有设备都有其运行、操作、保养、维修规律，只有按照规定的工况和运行规律，正确地操作和维修保养，才能使设备处于良好的技术状态。同时，机械设备在长期运行过程中，因摩擦、高温、湿气及各种化学效应和作用，不可避免地会有零部件的磨损、配合失调、技术状态逐渐恶化，作业效果逐渐下降，因此还必须准确、及时、快速、高质量地拆修，以使设备恢复性能，处于良好的工作状态。

3.2 预处理单元

3-64 问 什么是厌氧反应?

答：厌氧反应是借助微生物，在无氧状态下将有机污染物 COD 转化为沼气（CH_4）的工艺，厌氧反应器广泛应用于食品、饮料、发酵、造纸、垃圾渗沥液等轻工行业。

3-65 问　什么是 UBF?

答：上流式污泥床-过滤器（简称 UBF）是在厌氧过滤器（简称 AF）和上流式厌氧污泥床（简称 UASB）的基础上开发的新型复合式厌氧流化床反应器。UBF 具有很高的生物固体停留时间（SRT），并能有效降解有毒物质，是处理高浓度有机废水的一种有效、经济的技术。

UBF 复合式厌氧流化床工艺是借鉴流态化技术的一种生物反应器械，它以砂和设备内的软性填料为流化载体，污水作为流动的介质，厌氧微生物以生物膜的形式结在砂和软性填料表面。在循环泵或污水处理过程中，填料在产生 CH_4 时与污水自行混合，成流动状态。污水升流通过床体时，与床中附着有厌氧生物膜的载体不断接触反应，达到以厌氧反应分解、吸附污水中有机物的目的。UBF 复合式厌氧流化床的优点是效能高、占地少，适用于较高浓度的有机污水处理工程。

UBF 复合式厌氧反应器率先采用以砂和设备内部软性填料为载体，设备结构上部为固液气分离区、中部为生物挂膜污泥床区、下部为循环流化反应区（布水流化区）。利用循环泵，使污水和有生物膜的两种载体在中部、下部流化反应区中进行循环，达到流化的目的。

在厌氧处理中，厌氧微生物在分解有机物的过程中能产生大量的 CH_4、CO_2 等气体，其中 CH_4 占 75%～85%，1kg COD 产生量为 0.5m^3。产出的 CH_4 可作锅炉用燃料，也可供民用，是一种很好的能源。

3-66 问　UBF 有什么特点?

答：(1) 处理效率高，处理量大，能耗低，运行费用低，能自动连续运行。

(2) 处理时能产生的大量 CH_4 可作燃料，能回收大量能源。

(3) 占地面积小，适应性强，选型方便，工期短。

3-67 问　厌氧污泥培养方法和厌氧处理装置调试过程中有哪些注意事项?

答：厌氧污泥培养方法有多种，建议采用逐步培养法，大致过程如下。

好氧系统经浓缩池的剩余污泥（已厌氧）投入到厌氧反应池中，投加量约为反应器容量的 20%～30%，然后加热（如需要加热的话），逐步升温，使每小时温升为 1℃，当温度升到消化所需温度时（根据设计温度）维持温度。营养物量应随着微生物量的增加而逐步增加，不能操之过急。当有机物水解液化（需一两个月），污泥成熟并产生沼气后，分析沼气成分，正常时进行点火试验，然后再利用沼气，投入日常运行。

启动初始时一般控制有机负荷较低。当 COD_{Cr} 去除率达到 80%时才能逐步增加有机负荷。完成启动的乙酸浓度应控制在 1000 mg/L 以下。必要时需要向资深专业人士请教。

3-68 问　厌氧罐区域需要注意哪些事项?

答：(1) 检查厌氧罐的液位、pH 值、温度、循环流量、顶部压力等情况。

(2) 检查现场是否有跑冒滴漏等情况。

(3) 出水数据是否正常。

3-69 问　厌氧罐顶部压力过高怎么处理?

答：(1) 检查火炬系统是否正常运行。

(2) 检查沼气管道是否全部开启。

(3) 检查厌氧罐液位是否过高。

(4) 顶部水封罐放水。

(5) 停止进水。

3-70 问　厌氧罐出水 COD 高怎么处理?

答：(1) 停止进水。

(2) 重新培养厌氧污泥。

(3) 增加停留时间。

3-71 问　厌氧罐为什么需要蒸汽加热?

答：厌氧罐污泥中的细菌的最适宜温度是 30～38℃，在这个温度范围内，细菌的活性最好。因此进水水温如果低于这个温度，则需要加温。常用的加温方式有内热式和外热式，内热式即在罐体里面设置盘管，通蒸汽或者热水，外热式即对进水直接进行加热后进入罐体，罐体保温。

同时需要注意，加温容易，控制温度难，控制温度恒定非常难。水温高于

30℃低于38℃时，处理效果好，比较稳定；25～30℃时处理效果一般，低于25℃时，处理效果下降得比较多，最好加热保温。

3-72问 什么是沼气脱硫？

答：沼气生物脱硫技术（简称沼气脱硫）是利用生物方法，去除沼气中腐蚀性强、毒性强的 H_2S 气体的一种工艺方法，这个工艺具有自动化程度高、流程简洁、运行成本低等优点。沼气通常来源于污水厌氧处理、粪便、秸秆发酵、石油天然气等，净化后的沼气可作为清洁能源，替代天然气、煤炭，用于发电、取暖、生产蒸汽等；分离出的 H_2S 气体被转换成固态的生物硫黄，可作为化肥、化工等行业的原料。沼气经过吸收净化可资源化利用，既实现了节能减排，也节约了企业的生产成本。

3-73问 沼气脱硫的具体方式？

答：厌氧发酵产生的沼气进入洗涤塔，通过与碱性循环喷淋液发生吸收反应，从而去除 H_2S。吸收 H_2S 的富液回流至生物反应器内，通过生物转化，将 H_2S 转化成固态单质硫黄，并将溶液再生为可用于洗涤沼气的碱性吸收液（亦成为贫液），从而实现了吸收剂的回收和再生循环利用。通过硫沉淀器实现硫黄固体的分离。

3-74问 脱硫运行需要添加什么药剂？

答：需要投加脱硫液和纯碱。

3-75问 什么是双模储气柜？

答：用于储存沼气，调节厌氧、发酵过程中产生气体的压力和流速。

3-76问 双模储气柜需要注意哪些事项？

答：(1) 2个水封罐液位是否正常。

(2) 内包沼气不宜太多，沼气过多会导致内膜破裂。

(3) 工作人员进入工作区域前应去除静电，不能带手机等物品。

3-77 问 为什么要配备沼气火炬?

答：厌氧与发酵工程均应设有沼气应急燃烧火炬，在产气量过大或设备检修等情况时应急燃烧，以达到安全和除臭功能。

3-78 问 沼气火炬由哪些部件组成?

答：采用大型封闭式结构，由燃烧室、引射器喷嘴、支撑结构、点火及火焰监测系统、阻火器、主执行器、冷凝水排放、控制柜等主要部件组成，内置陶瓷耐温模块，适合持久燃烧。

3-79 问 运行锅炉需要配备哪些设备?

答：主要部件分为五个系统，即送风系统、点火系统、监测系统、燃料系统、电子控制系统。

(1) 送风系统。送风系统的功能在于向燃烧室提供一定速度和体积的空气，其主要部件有壳体、风机电机、风机叶轮、风枪火管、风门控制器、风门挡板、凸轮调节机构、扩散盘。

(2) 点火系统。点火系统的作用是点燃空气和燃料的混合物。它的主要部件是点火变压器、点火电极和高压电缆。一种相对安全的点火系统，称为电子脉冲点火器，被燃气锅炉厂家广泛使用。电子脉冲点火器方便省时，只需用手指按动就可以，并且安全性高，不会出现因意外熄火出现的安全事故，一旦出现熄火的状态，控制系统能及时关闭电磁阀，关断燃气通路。

(3) 监测系统。其作用是保证燃烧器的安全稳定运行。其主要部件有火焰监测仪、压力监测仪、温度监测仪等。

(4) 燃料系统。燃料系统的功能是确保燃烧器燃烧所需的燃料。燃油燃烧器主要包括油管及接头、油泵、电磁阀、喷嘴、重油预热器等。燃气燃烧器主要包括过滤器、调节器、电磁阀、点火电磁阀和燃油蝶阀。

(5) 电子控制系统。电子控制系统是上述系统的指挥中心和联络中心。主要控制元件是可编程控制器。不同的燃烧器配备不同的可编程控制器。常见的程控器有LFL 系列、LAL 系列、LOA 系列、LGB 系列，其主要区别为各个程序步骤的时间不同。

3-80问 什么是水软化设备?

答：水软化设备，顾名思义即降低水硬度的设备，主要去除水中的钙、镁离子。水软化设备在软化水的过程中，不能降低水中的总含盐量，可以可广泛应用于蒸汽锅炉、热水锅炉、交换器、蒸发冷凝器、空调、直燃机等系统补给水的软化。

3-81问 什么是除氧器?

答：除氧器的主要作用就是除去锅炉给水中的氧气及其他气体，保证给水的品质。同时，除氧器本身又是给水回热加热系统中的一个混合式加热器，起到加热给水、提高给水温度的作用。

除氧器水箱的作用是储存给水，平衡给水泵向锅炉的供水量与凝结水泵送进除氧器水量的差额。也就是说，当凝结水量与给水量不一致时，可以通过除氧器水箱的水位高低变化调节，满足锅炉给水量的需要。

3-82问 调节池的作用是什么?

答：调节池的主要作用有三点。

(1) 调节水量，缓冲生产线排水峰量，为后续污水处理系统提供稳定的运行条件。

(2) 考虑到生产线排水所含的污染物浓度因时序不同存在差异，均衡进入后续污水处理系统的污水水质。

(3) 湿垃圾产生的含油污水pH值波动较大，可在调节池内设pH值监控、调节设备，以稳定污水的pH值，减少对后续生化反应中微生物的影响。

3-83问 调节池提升泵出水流量低有哪些可能的原因?

答：(1) 管路泄漏或者结垢严重。

(2) 阀门未全打开或局部堵塞。

(3) 转子、定子磨损。

(4) 泵反转。

3-84 问 调节池运行需要注意哪些事项?

答：经常巡查、观察调节池水位变化情况，定期检测调节池进、出水水质，以考察调节池运行状况和调节效果，发现异常问题及时通报并采取措施予以解决。

3.3 生化单元

3-85 问 什么是 MBR 工艺?

答：在污水处理、水资源利用领域，MBR 又称膜生物反应器，是一种由膜分离单元与生物处理单元相结合的水处理技术。

3-86 问 为什么选择 MBR+ UBF 工艺?

答：渗沥液属于高浓度的有机废水，有效地脱氮除碳是渗沥液处理的核心内容。

根据渗沥液的特性，结合不同处理方法、工艺的比较，渗沥液处理工艺选择的主体思路如下。

(1) 渗沥液处理主体工艺选择 MBR＋UBF 工艺（膜生物反应器＋上流式污泥床过滤器），原因是生化法具有以下突出的优势。

① 运行成本低。与渗沥液处理常用的物化法、化学法、反渗透等工艺相比，在去除相同污染负荷的条件下，生化法的运行成本是最低的。

② 对 COD 和总氮均有较好的去除效果。物化法、化学法往往只能针对某一类或某几类污染物，且去除率很有限，生化法则能对 COD 和总氮均取得较好的去除效果。

③ 对污染物的转化彻底，二次污染少。生化法通过微生物的新陈代谢将水中的大部分有机污染物转化为无毒无味的无机物，如 CO_2、H_2O、N_2 等，小部分转化为剩余污泥，基本没有二次污染。而反渗透等膜处理方法实质是污染物的转移，污染物被转移到污泥或浓缩液中，需要进一步处置。化学法还有可能产生有毒有害的副产物，造成二次污染。

(2) 针对焚烧厂渗沥液有机污染物浓度很高、可生化性好的特点，采用高效低能耗的厌氧工艺作为好氧处理的预处理工艺，可有效降低有机污染物负荷及运行成本。

3-87 问　MBR 生化系统需要什么设备?

答：需要罗茨风机、搅拌器、冷却塔、污泥冷却泵、冷却水泵、射流泵、硝酸盐回流泵、消泡泵等设备。

3-88 问　MBR 进水需要注意哪些参数?

答：进水需要注意水质的 COD、氨氮、电导率和 pH 值。

3-89 问　什么是 COD?

答：化学需氧量（COD）是指在一定的条件下，用强氧化剂处理水样时所消耗的氧化剂的量。COD 反映了水受还原性物质污染的程度，又可反映水中有机物的量，水中的还原性物质有有机物、亚硝酸盐、硫化物、亚铁盐等。

3-90 问　COD 和 BOD 之间有什么关系?

答：有的有机物是可以被生物氧化降解的（如葡萄糖和乙醇），有的有机物只能部分被生物氧化降解（如甲醇），而有的有机物是不能被生物氧化降解的，而且还具有毒性（如银杏酚、银杏酸、某些表面活性剂）。因此，可以把水中的有机物分成两个部分，即可以生化降解的有机物和不可生化降解的有机物。

通常认为 COD 基本上可表示水中所有的有机物，而 BOD 为水中可以生物降解的有机物，因此 COD 与 BOD 的差值可以表示废水中不可生物降解的有机物。

3-91 问　什么是活性污泥?

答：从微生物角度来看，生化池中的污泥是由各种各样有生物活性的微生物组成的一个生物群体。如果把污泥的泥粒放在显微镜下观察，可以看到里面有多种微生物——细菌、霉菌、原生动物和后生动物（如轮虫、昆虫的幼虫和蠕虫等），它们构成一条食物链，细菌和霉菌能分解复杂的有机化合物，获得自身活动必需的能量并构造自身。原生动物以细菌和霉菌为食，又被后生动物所消耗，后生动物也可以直接依靠细菌生活。这种充满微生物、具有降解有机物能力的絮状泥粒就叫做活性污泥。

活性污泥除了由微生物组成外，还含有一些无机物质和吸附在活性污泥上不能再被生物降解的有机物（即微生物的代谢残余物）。活性污泥的含水率一般在98%～99%。

活性污泥像矾花一样，具有很大的表面积，因此具有很强的吸附力和氧化分解有机物的能力。

3-92问 微生物的生存与哪些因素有关?

答：微生物的生存除了需要营养，还需要合适的环境因素，如温度、pH值、溶解氧、渗透压等才能生存。如果环境条件不正常，会影响微生物的生命活动，甚至发生变异或死亡。

3-93问 微生物最适宜在什么温度范围内生长繁殖?

答：在废水生物处理中，微生物最适宜的温度范围一般为16～30℃，最高温度在37～43℃，当温度低于10℃时，微生物将不再生长。

在适宜的温度范围内，温度每提高10℃，微生物的代谢速率会相应提高，COD的去除率也会提高10%左右；相反，温度每降低10℃，COD的去除率会降低10%。因此在冬季时，COD的生化去除率会明显低于其他季节。

3-94问 微生物最适宜的pH值应在什么范围?

答：微生物的生命活动、物质代谢与pH值有密切关系。大多数微生物对pH值的适应范围为4.5～9，而最适宜的pH值的范围为6.5～7.5。当pH值低于6.5时，真菌开始与细菌竞争，pH值到4.5时，真菌在生化池内将占完全的优势，其结果是严重影响污泥的沉降结果；当pH值超过9时，微生物的代谢速度将受到阻碍。

不同的微生物对pH值的适应范围要求是不一样的。在好氧生物处理中，pH值可在6.5～8.5变化；厌氧生物处理中，微生物对pH值的要求比较严格，pH值应在6.7～7.4。

3-95问 微生物是通过何种方式将废水中的有机污染物分解去除掉的?

答：由于废水中存在碳水化合物、脂肪、蛋白质等有机物，这些无生命的有机物是微生物的食料，一部分降解、合成为细胞物质（组合代谢产物），另一部分降解氧化为水分、CO_2 等（分解代谢产物），在此过程中废水中的有机污染物被微生物降解去除。

3-96问 当微生物大量死亡时该怎么办?

答：当微生物受到严重损伤且大量死亡而又抢救无效时，应立即向当地环保主管部门申报备案，并立即更换活性污泥。然后查明原因，防止类似事故的再度发生。只要申报及时，在更新、驯化污泥期间向外排放的废水可以不做排污罚款处理。

3-97问 当生化池受到负荷冲击，微生物受损时该采取什么措施?

答：生化池在运行过程中，微生物一旦受到负荷（水量、浓度）的冲击，COD去除率会突然下降，严重时会使出水氨氮高。这时应立即停止进水，往生化池投加活性污泥，以降低污泥负荷，同时增加曝气量，直到微生物恢复正常。

3-98问 什么叫溶解氧？溶解氧与微生物的关系如何?

答：溶解在水体中的氧被称溶解氧（DO）。水体中的可见生物与好氧微生物，它们所赖以生存的氧气就是溶解氧。不同的微生物对溶解氧的要求是不一样的。好氧微生物需要供给充足的溶解氧，一般来说，溶解氧应维持在3mg/L为宜，最低不应低于2mg/L；兼氧微生物要求溶解氧的范围为0.2～2.0mg/L；而厌氧微生物要求溶解氧在0.2mg/L以下。

3-99问 生化池中溶解氧的含量与哪些因素有关?

答：水中溶解氧的浓度可以用亨利定律来表示：当达到溶解平衡时

$$C=K_HP$$

式中 C——溶解平衡时水中氧的溶解度；

P——气相中氧的分压；

K_H——亨利系数，与温度有关。

增加曝气可使氧的溶解接近平衡。同时，活性污泥还会消耗水中的氧。废水中实际溶解氧量还与水温、有效水深（影响压力）、曝气量、污泥浓度、盐度等因素有关。

3-100问 生化池出水中的溶解氧应控制在怎样的水平?

答：活性污泥法是在有氧的条件下利用好氧微生物的代谢活动将废水中的有机物氧化分解为无机物的方法。溶解氧的水平会直接影响到好氧微生物的代谢活性。为了满足好氧微生物对溶解氧的需要，提高处理系统的效率，必须向处理系统供氧。

虽然对好氧微生物来说，水体中溶解氧越高，对微生物的生长繁殖越有利，但溶解氧过高，除了能耗增加外，高速气流也使池内激烈搅动，打碎生物絮粒，并易使污泥老化。一般来说，曝气池内的溶解氧只要大于3mg/L已足够满足微生物的生长繁殖和生物处理要求，曝气池出口处的溶解氧最好控制在2mg/L左右较为适宜，其原因为：如果生化工艺采用的是活性污泥法，那么活性污泥絮粒内部的溶解氧应保持在2.0mg/L以上。溶解氧过低会影响絮粒内部微生物的代谢速率，影响生化处理效果。

3-101问 在生化过程中为什么需要经常补充废水中的营养物?

答：利用生化过程去除污染物的方法，主要是利用微生物的新陈代谢过程，而微生物的细胞合成等生命过程均需要有足够量和种类营养物质（包括微量元素）。微生物代谢必需碳源、氮源和磷源，如果缺乏微生物必要的营养物质，比如只有磷和氮而没碳，那么废水就无法满足微生物新陈代谢的需要，因此必须添加碳以促进微生物新陈代谢的过程，促进微生物细胞的合成。生化池运行过程中还需要各种微量元素和维生素，这就像人在吃米饭、面粉的同时，还要摄入足够量的维生素一样。

3-102问 巡检生化池需要注意什么?

答：(1) 取硝化池水样并检测硝氮和氨氮。

(2) 检测MBR池的溶解氧浓度及温度，检查MBR池中的泡沫高度是否需要加消泡剂并记录当天使用消泡剂的情况。

(3) 检查冷却塔水位是否需要补水，检查污泥冷却泵是否需要更换滤网。

3-103问 生化池射流泵电流比正常情况偏低需采取哪些措施?

答：(1) 检查射流泵联轴器是否断裂。

(2) 对射流泵进行排气。

(3) 看射流泵排水阀放出来的水是否夹带小气泡，有的话投加消泡剂。

3-104问 生化池有异味怎么处理?

答：氧化池供氧不足会导致生化池产生异味，溶解氧浓度低，出水氨氮有时偏高。需增加供氧，使氧化池出水溶解氧浓度高于2mg/L。

3-105问 生化池泡沫不易破碎，发黏应采取什么措施?

答：进水负荷过高，有机物分解不全，此时应降低负荷。

3-106问 什么是超滤?

答：超滤是一种加压膜分离技术（UItrafil-tration，简称UF）。能够将溶液净化、分离或者浓缩。超滤介于微滤与纳滤之间，三者之间无明显的分界线。一般来说，超滤膜的孔径在0.05μm～1nm，操作压力为0.1～0.5MPa。超滤主要用于截留去除水中的悬浮物、胶体、微粒、细菌和病毒等大分子物质。

3-107问 超滤膜组件启动前需做哪些检查工作?

答：(1) 检查给水水压是否正常，给水水质是否满足UF系统运行要求。

(2) 检查所有管道之间连接是否紧密。

(3) 检查超滤系统全部压力表、流量表等各种热工、化学分析仪表是否符合投入条件。

(4) 检查运行中监督化验所用的各种药剂、试剂、分析仪器是否已配备齐全。

(5) 检查各取样管路是否畅通，取样阀门开关是否灵活。

(6) 检查超滤加药泵、反洗泵是否处于待用状态，药箱内是否有充足的药液。

(7) 检查各阀门转动是否灵活，位置是否正确。

3-108问 超滤系统运行中的巡检及维护事项有哪些?

答：(1) 加药箱应及时补液，以防加药泵不能正常吸液。

(2) 超滤给水泵、反洗泵、加药泵应定期检查和保养。

(3) 加药泵的吸入口滤器，每6个月清洗一次，每6个月检查/清洗一次加药泵的单向阀、隔膜。

(4) 定期检查自清洗过滤器滤芯或碟片是否破损。

(5) 至关重要的是：超滤前的预处理系统（生化处理、物化处理和自清洗过滤器系统），需可为超滤提供完全的保护。如预处理系统运行不正常，则超滤受到污染的概率将大大提高。

(6) 每次停机进行一次超滤产水的反洗。

(7) 及时进行污染物的清洗。

(8) 及时根据超滤运行状况，调整CEB（化学加强反洗）的频率。

3-109 问 如何维护保养超滤膜?

答：**(1)** 超滤预处理应保证：超滤进水流量和压力，超滤进水水质应符合超滤进水的设计要求，如不符合应及时更换或清洗预处理过滤材料或设备。

(2) 定期对超滤膜进行化学清洗。

3-110 问 超滤膜的清洗要求有哪些?

答：**(1)** 清洗时机。超滤系统运行过程中，进水中的胶体颗粒、微生物和大分子有机物被截留在膜管内，这些污染物沉积在膜表面，导致系统产水量下降和产水水质降低，当出现以下情况下便需要进行化学清洗，以便及时除去污染物，恢复膜性能。

① 产水量比初始运行稳定流量下降超过20%时。

② 透膜压差达到0.08MPa。

(2) 清洗方法。参照不同污染物与化学清洗配方，如表3-3所列。

表3-3 不同污染物与化学清洗配方

污染物类型	常见的污染物质	化学清洗配方
无机物	碳酸钙、铁盐和无机胶体	pH=2的柠檬酸、盐酸或草酸溶液
	硫酸钡、硫酸钙等难溶性无机盐	1%左右的EDTA溶液
有机物	脂肪、腐质酸、有机胶体等	pH12的氢氧化钠溶液
	油脂及其他难洗净的有机污染物	0.1%～0.5%的十二烷基硫酸钠、Triton X-100等
	蛋白质、淀粉、油、多糖等	0.5%～1.5%的蛋白酶、淀粉酶等
微生物	细菌、病毒等	1%左右的双氧水或50mg/L的次氯酸钠溶液

3-111问 使用化学清洗法清洗超滤膜的频率和步骤是怎样的?

答：超滤膜的化学清洗一般1个月1～2次，当出水量比平时明显下降时［注：出水量与污泥温度和浓度及污泥性质有关，即超滤循环水量一般为270m³/h，当低于230～240m³/h时，且冲刷压力大于6bar（600kPa）时］需化学清洗。

清洗步骤如表3-4所列。

表3-4 使用化学清洗法清洗超滤膜的步骤

步骤	清洗类型	清洗槽控制液位	清洗温度	投加药剂1	投加药剂2	pH值设定值	清洗时间
1	碱性清洗	55%	38～41℃，最高不超过41℃	碱性清洗剂约15L	次氯酸钠浓度500～1000mg/L	12>pH>11	循环氯碱液20～30min
2	清洗液放空或浸泡						
3	清水清洗	85%	不超过41℃	无	无	—	15～20min
4	放空						
5	酸性清洗	55%	38～41℃，最高不超过41℃	酸性清洗剂约15L	无	1<pH<2	20～30min
6	清洗液放空或浸泡						

注：当膜污染严重时可以再次重复以上全部或部分步骤。

注意事项如下。

(1) 两组超滤膜不应该同时清洗。

(2) 清洗前用自来水将需清洗的环路冲洗两次，确保膜管中无污泥存留。

(3) 为保证有良好的清洗效果，最好在酸/碱洗结束后将膜管及管路用对应清洗液浸泡3h。

3-112问 超滤系统遇到紧急停电或者故障时如何处理?

答：遇到紧急停电时，膜管无法及时冲洗，应打开排空阀和排气阀尽量将膜管内的污泥排出；如果停电时间较长，需要用自来水反冲，但要注意水压不能超过0.2bar（20kPa），以防背压过大损坏膜组件。

3-113 问 如超滤系统中有膜破漏应如何处理?

答：当超滤膜损坏时，超滤出水 COD 远远超过平时运行的正常值，从而导致纳滤出水水质超标。解决方案：修补或更换超滤膜。

3-114 问 当超滤循环泵的流量小于厂家要求时应如何处理?

答：首先，查看进水流量的大小，看管道是否堵塞；其次，如果确定流量小于规定的数值，看压力是否变大，如果压力变大的话，可以判断超滤膜有堵塞情况，需要清洗或者通膜。

3-115 问 超滤膜通量下降如何处理？如何延长使用寿命?

答：**(1)** 出水量与污泥温度和浓度及污泥性质有关，超滤循环水量一般 250m^3/h，当低于 220～230m^3/h 或压力大于 5.0bar（500kPa）时，提示膜管堵塞，要先人工疏通，然后化学清洗。当压力降到 3～4bar（300～400kPa）时，说明过滤网堵塞，需要拆过滤网清洗。

(2) 超滤膜寿命一般在 3～5 年，但根据各地水质的不同，使用寿命也不同。定时顺冲洗、反冲洗、化学清洗，保持正常的工作压力，增加前置过滤提高进水水质等措施，也会大大延长超滤膜寿命。

3-116 问 超滤泥水分离后的清液进入哪一道工序再处理?

答：超滤清液会进入 3200t/d 的纳滤膜系统进行过滤处置，产水率为 80%～85%。

3-117 问 废水分析中为什么要经常使用毫克/升（mg/L）这个浓度单位?

答：一般来说，废水中的有机物质和无机物质的含量是很小的，如果用百分浓度或其他浓度来表示则太麻烦、太不方便了，譬如 1t 废水中往往只有几千克、几百克、几十克甚至几克污染物质，其单位即为克/吨（g/T），如将吨换算成升即为毫克/升（mg/L）。计算时可参考表 3-5 换算。

表3-5 浓度与质量分数转化

浓度单位	质量分数
1mg/L	百万分之一，旧称ppm
1000mg/L	千分之一，‰
10000mg/L	百分之一，%

3-118问 超滤泥水分离后的清液水质如何?

答：超滤出水清液水质情况如表3-6所示。

表3-6 超滤出水清液水质情况

类别	COD/(mg/L)	氨氮/(mg/L)	总氮/(mg/L)	电导率/(μS/cm)
超滤出水	800～1200	10	60～150	17000～21000

3-119问 生化系统出水后进入哪一道工序继续处理?

答：生化系统出水经由UF进水泵进入超滤系统实现泥水分离，清液排入UF清液池，浓缩液（泥水混合物）回流至一级反硝化池，同时实现剩余污泥排放。

3-120问 为什么会有剩余污泥产生?

答：在生化处理过程中，活性污泥中的微生物不断地消耗着废水中的有机物质。被消耗的有机物质中，一部分有机物质被氧化以提供微生物生命活动所需的能量，另一部分有机物质则被微生物利用以合成新的细胞质，从而使微生物繁衍生殖。微生物在新陈代谢的同时，又有一部分老的微生物死亡，故产生了剩余污泥。

3-121问 怎样估算剩余污泥的产生量?

答：在微生物的新陈代谢过程中，部分有机物质（BOD）被微生物利用合成了新的细胞质以替代死亡了的微生物。因此，剩余污泥的产生量与被分解了的BOD数量有关，两者之间是有关联的。

工程设计时，一般都考虑每处理1kg BOD_5，产生0.6～0.8kg的剩余污泥（100%），折算成含水率为80%的干污泥则为3～4kg。

3.4 污泥脱水单元

3-122 问 什么是污泥沉降比（SV）?

答：污泥沉降比（SV）是指曝气池内的混合液在 100mL 量筒中，静止沉淀 30min 后，沉淀污泥与混合液之体积比（%），因此有时也用 SV_{30} 来表示。一般来说生化池内的 SV 在 20%～40%。污泥沉降比测定比较简单，是评定活性污泥的重要指标之一，它常被用于控制剩余污泥的排放和及时反映污泥膨胀等异常现象。显然，SV 与污泥浓度也有关系。

3-123 问 什么是污泥指数（SVI）?

答：污泥指数（SVI）全称为污泥容积指数，是指 1g 干污泥在湿态时所占的体积（mL）。

SVI 剔除了污泥浓度因素的影响，更能反映活性污泥的凝聚性和沉降性，一般认为：

当 60＜SVI＜100 时，污泥沉降性能好；

当 100＜SVI＜200 时，污泥沉降性能一般；

当 200＜SVI＜300 时，污泥有膨胀的趋势；

当 SVI＞300 时，污泥已膨胀。

3-124 问 什么是 SS?

答：SS 是 Suspended Solids 的缩写，即指污水中的悬浮物，是颗粒直径在 0.45μm 以下的无机物、有机物、生物、微生物等的污染物的总称。

3-125 问 在什么情况下容易出现污泥膨胀?

答：丝状菌种类很多，不同的丝状菌有不同的生长环境。如：在废水碳氮比高且缺磷时可引起球衣菌的膨胀；废水氮、磷往往不足，发硫菌易繁殖；在硝化条件下，也可使大肠杆菌转化成丝状菌。此外，污泥膨胀还与温度和pH值等有关。

3-126问 污泥池中的污泥是怎样进行脱水的?

答：污泥脱水的主要方法有真空过滤法、压滤法、离心法和自然干化法。离心法脱水后污泥含水率一般达到80%～85%，板框压滤法脱水后污泥含水率一般达到60%。

3-127问 离心机运行需要注意什么事项?

答：(1) 开机前注意好氧污泥池液位，液位低应通知中控及时排泥。

(2) 离心机开启前需加注黄油，加药箱投加好絮凝剂。

(3) 运行后注意好设备的转速、扭矩、温度，是否有异响。

(4) 注意脱泥上清液池的液位情况，联系协调运送污泥车辆，确保卸泥顺畅。

(5) 设备完成作业后，应立即清洗设备，保持设备完好。

3-128问 什么是絮凝?

答：絮凝是在废水中加入高分子混凝药剂，高分子混凝药剂溶解后，会形成高分子聚合物。这种高聚物的结构是线形的，线的一端拉着一个微小粒子，另一端拉着另一个微小粒子，在相距较远两个粒子之间起着黏结架桥的作用，使得微粒逐渐变大，最终形成大颗粒的絮凝体（俗称矾花），加速颗粒沉降。常用的絮聚剂有聚丙烯酰胺（PAM）、聚铁（PE）等。

3-129问 板框压滤机运行需要注意什么事项?

答：(1) 抽污泥至调理池时要注意好氧污泥池液位，液位低应通知中控及时排泥。

(2) 固化剂配药时，先取样测出原泥含水率，按公式加入适当药剂搅拌后，调理池调理完毕后再输送至机器。

(3) 开启板框压滤机将泥水分离，经过低压与高压进料后进行压榨，使泥的含水率达标至60%～65%。

(4) 机器完成脱水后，人工协助板上残留的干泥卸料。

(5) 每天清洗机器滤布。

(6) 联系协调运送污泥车辆，确保卸泥顺畅。

(7) 根据板框机开启情况，实时对设备进行巡检。每2h对除臭设备进行巡检，并记录数据。

3-130问 污泥泥龄是如何确定和控制的?

答：泥龄、F/M（有机负荷率，也叫污泥负荷）等与其说是运行的控制参数，不如说是设计方面的参数，在工艺控制中的只是参考参数。实际运行中排泥量通常是根据MLSS值加上经验来控制的，在SVI相对稳定的情况下，也可用SV_{30}来参考。

3-131问 污泥中毒与污泥老化在表观上如何鉴别?

答：一般来说污泥发生严重老化会有一个发展的过程，而污泥中毒会很快引起细胞解体。污泥老化和中毒时出水ESS（出水悬浮物）都会明显增加，有经验的专业人员能从表观上区分出来。污泥老化时出水中的悬浮固体颗粒相对要大些，大多呈碎片状。污泥中毒时出水的悬浮固体颗粒相对要小。

污泥中毒与污泥老化也可从DO值的变化上进行区分，污泥发生中毒的过程较快，会使DO在短时间内上升，而污泥老化有个渐进的过程，DO的上升过程也是渐进的。

3-132问 在污泥脱水机进泥量没变化的情况下，脱水后泥饼的含水率明显上升的原因是什么?

答：排除脱水机本身的运行状况外，可能是污泥加药调质工序有问题，也可能是前面的污泥均质池搅拌机故障停运等造成的。

3-133问 污水集水池的作用是什么?

答：污水集水池的作用是汇集、储存和均衡废水的水质水量。各个车间的生产废水，其排出的废水水量和水质一般来说是不均衡的，生产时有废水，不生产时就没有废水，甚至在一天之内或班产之间都可能有很大的变化，特别是不能雨水混合后外流，因此要设置一个有一定容积的污水集水池，将废水储存起来并使其均质均量后进入调节池中，以保证雨污分离。

3.5 深度处理单元

3-134 问　老港渗沥液处理厂应用的膜技术有哪些?

答：有超滤、纳滤、反渗透等，采用膜技术的优点是出水水质较好，可以达到较高的排放要求。超滤（UF）筛分孔径为 1nm～70μm，均不能截留渗沥液中所含盐分，只能用来将微生物菌体、沉淀物从污水中分离出来，压力在 0.2～7bar（20～700kPa）。纳滤与反渗透同属于扩散膜分离方法，膜工艺原理与自然界的渗透过程一样，膜处理是一种压力驱动的处理过程。反渗透对盐分及中小分子量的溶解性有机物也有较好的截留能力，但直接采用反渗透处理渗沥液缺陷较多。因此一般建议采用生物处理与膜（NF＋RO）深度处理的方式处理垃圾渗沥液效果更佳。

3-135 问　超滤、纳滤、反渗透膜分离的原理有什么不同?

答：超滤、纳滤、反渗透膜分离的推动力主要是浓度梯度、电势梯度和压力强度。超滤、纳滤、反渗透膜分离是通过膜对混合物中各组分的选择透过性差异，以外界能量或者化学位差为推动力对双组分或多组分混合的气体、液体进行分级、分离、提纯和富集的方法。在超滤、纳滤、反渗透膜运行过程中，常采用错流过滤，以减轻膜污染。错流过滤是用泵将滤液送入膜系统中，使滤液沿膜表面的切线方向流动，在压差的推动下，使渗透液错流通过膜。错流过滤可以有效地控制浓差极化和滤饼层的形成，可以使膜表面在较长的周期内保持相对高的通量，一旦滤饼厚度稳定，通量也达到稳定或拟稳定的状态。

3-136 问　超滤、纳滤、反渗透膜分离的技术特点各是什么?

答：根据推动力的不同，膜分离有表 3-7 所示的几种分类。

表 3-7 各类膜分离技术的特点

<table>
<tr><td rowspan="6">推动力类别</td><td>名称</td><td colspan="2">举例</td></tr>
<tr><td>浓度差</td><td colspan="2">扩散渗析</td></tr>
<tr><td>电位差</td><td colspan="2">电渗析</td></tr>
<tr><td rowspan="3">压力差</td><td>反渗透(RO,Reverse Osmosis)</td><td>相对分子质量<100,0.2～0.3nm,2～3Å</td></tr>
<tr><td>纳滤(NF,Nanofiltration)</td><td>相对分子质量:100～1000,0.5～5nm</td></tr>
<tr><td>超滤(UF,Ultrafiltration)</td><td>相对分子质量:1000～数百万,5nm～0.2μm</td></tr>
</table>

注：1Å=10^{-10}m，1μm=10^{-6}m，1nm=10^{-9}m。

超滤、纳滤、反渗透膜分离可在一般温度下操作，没有相变；浓缩分离同时进行；不需投加其他物质，不改变分离物质的性质；适应性强，运行稳定。

3-137 问 超滤、纳滤、反渗透膜技术具有怎样的分离能力?

答：反渗透是目前最精密的液体过滤技术，反渗透膜对溶解性的盐等无机分子和相对分子质量大于 100 的有机物起截留作用。

纳滤能脱除颗粒在 1nm（10Å）的杂质和相对分子质量大于 200～400 的有机物，溶解性固体的脱除率 20%～98%，含单价阴离子的盐（如 NaCl 或 $CaCl_2$）脱除率为 20%～80%，而含二价阴离子的盐（如 $MgSO_4$）脱除率较高，为 90%～98%。

超滤对于大于 100～1000Å（0.01～0.1μm）的大分子有分离作用。所有的溶解性盐和小分子能透过超滤膜，可脱除的物质包括胶体、蛋白质、微生物和大分子有机物。多数超滤膜的截留相对分子质量为 1000～100000。

3-138 问 什么是纳滤?

答：纳滤（NF）又称为低压反渗透，是一种介于反渗透和超滤之间的压力驱动膜分离过程，纳滤膜的孔径范围在 0.02μm 左右，用于相对分子质量较小的物质，如将无机盐或葡萄糖、蔗糖等小分子有机物从溶剂中分离出来，其分离性能介于反渗透和超滤之间，允许一些无机盐和某些溶剂透过膜，从而达到分离的效果。

3-139 问 纳滤系统是如何构成的?

答：纳滤系统主要由纳滤进水泵、集成模块化纳滤设备、阻垢剂投加泵和纳滤清液外排泵等三泵一设备构成。

3-140问 纳滤系统中的辅助设施及其作用是什么？

答：纳滤系统中辅助设施有CIP（Clean in Place，原位清洗）在线清洗设备、酸液投加设备和阻垢剂投加设施。

CIP在线清洗设施用于纳滤系统的冲洗、清水清洗和化学清洗。为防止纳滤运行过程产生无机结垢，设置酸液投加设施用于调节纳滤系统进水pH值，进水pH值一般控制在6.5～6.65。阻垢剂投加设施用于防止纳滤运行过程中无机结垢的产生。

3-141问 纳滤系统运行中，进水压力应控制在什么范围内，出水流量一般是多少？

答：纳滤的正常操作压力一般在10bar（0.1MPa）以下，主压力在10bar（0.1MPa）以下，运行时纳滤的清液产率一般控制在85%左右，如果处理一级反渗透浓缩液，则清液产率控制在60%左右即可。

3-142问 纳滤清水产率过高时，应如何调节？

答：当纳滤的清水产率过高时，可能导致纳滤出水COD超标。应调节产率至设计值的85%。

3-143问 纳滤系统膜结垢，如何清除膜垢，清理频率如何？

答：对于膜上结垢可以使用化学清洗的方法，酸性清洗剂主要用于清洗无机盐结垢，碱性清洗剂主要用于清洗有机物结垢。一般1个月清洗1～2次。但各情况不一样时，主要根据实际运行情况而定，主要是看主压力，当主核动力接近6bar（600kPa），支管压力达到10bar（0.1MPa）左右时就应当进行清洗。

3-144问 纳滤设备日常运行及注意事项有哪些？

答：**(1)** 应每天做好设备巡检记录，记录包括纳滤进水流量、出水流量、浓缩液流量、进水压力、循环压力、仪表空气管路压力。

(2) 每4h查看纳滤进水，如发现纳滤进水含有明显的悬浮物，则应立刻关闭纳滤系统。

(3) 每天检查转动类机械设备（水泵、空压机）运转是否正常、有无异响，电机温度是否正常。

(4) 纳滤的运行、冲洗、清洗均应做详细的时间和状态记录。

(5) 运营人员应做好交接班记录，如对设备运行状态进行了调整务必写入交接班记录，防止接班人员进行误操作。

(6) 每天应做好纳滤运行用药剂（酸、膜清洗剂、阻垢剂）的库存清点工作，药剂的库存应能够纳滤的正常运行。

(7) 纳滤任何一种功能运行前务必检查各手动阀门的启闭状态，防止误操作。

(8) 严禁任何设备“带病”工作。

(9) 纳滤运行（产水）功能未正常停止（即停止后未对纳滤进行冲洗）时，必须在最短时间内对纳滤进行冲洗。

(10) 纳滤化学药剂清洗后，务必将清洗液外排。

(11) 每月应进行例行的气动阀门独立检查和测试，同时做好检查和测试记录，保证气动阀门的安全启闭。

(12) 纳滤化学清洗应做好详实的化学清洗过程记录。

3-145问 纳滤膜的清洗方式和清洗频率怎样设定?

答：纳滤膜的正常化学清洗频率视纳滤膜的运行情况而言为每月1～2次，至少每个月1次，化学清洗方法如表3-8所示。

表3-8 纳滤膜的清洗方法

步骤	清洗类型	清洗槽控制液位	清洗温度	投加药剂1	投加药剂2	清洗pH值设定值	清洗时间
1	酸性清洗	55%	38～40℃，最高不超过40℃	酸性清洗剂约15L	盐酸	2<pH<3	1～2h
2	清洗液放空						
3	清水清洗	85%	不超过40℃	无	无	—	15～20min
4	放空						
5	碱性清洗	55%	38～40℃，最高不超过40℃	碱性清洗剂约25L	片碱	12>pH>11	1～2h

续表

步骤	清洗类型	清洗槽控制液位	清洗温度	投加药剂1	投加药剂2	清洗pH值设定值	清洗时间
6	清洗液放空						
7	清水清洗	85%	不超过40℃	无	无	—	15～20min
8	放空						
9	酸性清洗	55%	38～40℃，最高不超过40℃	酸性清洗剂约15L	盐酸	2<pH<3	1～2h
10	清洗液放空						
	当膜污染严重时可以再次重复以上全部或部分步骤						

3-146问 纳滤系统清洗时的注意事项有哪些?

答：清洗注意事项如下。

清洗前提：纳滤环路应该已经冲洗过。

药剂清洗时，清洗液必须为自来水，不能采用纳滤出水。

纳滤清洗时（清水清洗和化学清洗），清洗水的温度严禁超过40℃，否则易造成膜损坏。

当膜污染严重时，可选择碱性或酸性清洗后浸泡一段时间，待清洗液温度下降后再次进行清洗。

化学药剂清洗后必须将清洗槽中的清洗药剂液排空，并采用清水清洗，清水清洗水也应排空，严禁清洗液进入后续的纳滤和反渗透单元，否则易造成纳滤或反渗透膜损坏。

3-147问 纳滤系统的停运保护措施有哪些?

答：**(1)** 长期关机的停运保护措施

① 如需长期关机请观关闭系统电源开关。

② 检查各压力表是否归零。

③ 擦干电器设备和元件上的水迹。

④ 在系统内加保护剂。

(2) 短期停机的停运保护措施

① 短期保存方法适用于系统停机5～15d。

② 用清水冲洗纳滤系统，同时注意将气体从设备中全部排空。

③ 将压力容器及相关管路充满水后，关闭相关阀门，防止气体进入系统。

④ 每隔 1～2d 按上述方法冲洗一次。

(3) 长时间停机的停运保护措施

① 此方法用于系统停机 15d 以上，膜元件扔安装在压力容器中。

② 系统停运前首先进行化学清洗，通过清洗最大限度去除运行中积累在膜组件内的各种污染物，因为运行中积累的污染物，在长期停运后会更难清除。

③ 用清水配置 1%浓度的亚硫酸氢钠杀菌剂，并用杀菌剂循环冲洗纳滤装置。

④ 当杀菌剂充满系统后，迅速关闭装置全部阀门使杀菌剂保留于系统中，此时应确认系统全部充满。并每周在产水侧取样检查膜内 pH 值，当 pH＝3 时需更换保护液。

⑤ 在系统重新投入使用前，用低压冲洗 1h，然后用高压冲洗系统 5～10min。无论低压冲洗还是高压冲洗时，系统产水排放阀应全部打开。在恢复系统正常运行前检查并确认产品水中不含有任何杀菌剂。

3-148 问 纳滤/反渗透膜的维护保养方法有哪些?

答：**(1)** 低压冲洗方法。定期对纳滤/反渗透装置进行大流量、低压力、低 pH 值的冲洗，有利于剥除附着在纳滤/反渗透膜表面上的污垢，维持膜性能；或当进水 SDI 值（污泥密度指数）突然升高超过 5.5 以上时，应进行低压冲洗，待 SDI 值调至合格后再开机。

(2) 停运保护方法。由于生产的波动，纳滤/反渗透装置不可避免地要经常停运，纳滤/反渗透短期或长期停用时必须采取保护措施，不适当地处理会导致膜性能下降且不可恢复。

短期保存适用于停运 15d 以下的纳滤/反渗透系统，可采用每 1～3d 低压冲洗的方法来保护纳滤/反渗透装置。实践发现，水温 20℃以上时，纳滤/反渗透装置中的水存放 3d 就会发臭变质，有大量细菌繁殖。因此，建议水温高于 20℃时，每 2d 或 1d 低压冲洗一次，水温低于 20℃时，可以每 3d 低压冲洗一次，每次冲洗完后需关闭反渗透装置上所有进出口阀门。

长期停用保护适用于停运 15d 以上的系统，这时必须用保护液（杀菌剂）充入反渗透装置进行保护。常用杀菌剂配方（复合膜）为甲醛 10%（质量分数）、异噻唑啉酮 20mg/L、亚硫酸氢钠 1%（质量分数）。

以前常用的杀菌剂配方是甲醛，因其具有便宜、易得的优点，但近来出于对环保和人体健康的考虑，异噻唑啉酮逐渐被重视，但其在纳滤/反渗透保护中的应用尚未见报道。

(3) 化学清洗方法。在正常运行条件下，纳滤/反渗透膜也可能被无机物垢、胶体、微生物、金属氧化物等污染，这些物质沉积在膜表面上会引起纳滤/反渗透装置出水量下降或脱盐率下降、压差升高，甚至对膜造成不可恢复的损伤，因此，为了恢复良好的透水和除盐性能，需要对膜进行化学清洗。

一般3～12个月清洗一次，如果每个月不得不清洗一次，这说明应该改善纳滤/反渗透装置的预处理系统，调整纳滤/反渗透装置的运行参数。如果1～3个月需要清洗一次，则需要提高设备的运行水平，是否需要改进预处理系统较难判断。

3-149问 渗沥液厂纳滤过滤产生的浓液如何处理?

答：纳滤产生的浓液会进行一个50%减量化处置工艺，15%的纳滤浓液通过480t/d物料膜，处置出来的腐殖酸进入焚烧厂进行焚烧处置。

3-150问 渗沥液厂纳滤过滤产生的浓液水质如何?

答：见表3-9。

表3-9 纳滤浓液水质情况

类别	COD/(mg/L)	氨氮/(mg/L)	总氮/(mg/L)	电导率/(μS/cm)
纳滤浓液	3000～5000	20～50	350～450	20000～25000

3-151问 美国通用GE物料分离膜怎样应用于具体工艺?

答：(1) 工艺流程如图3-4所示。

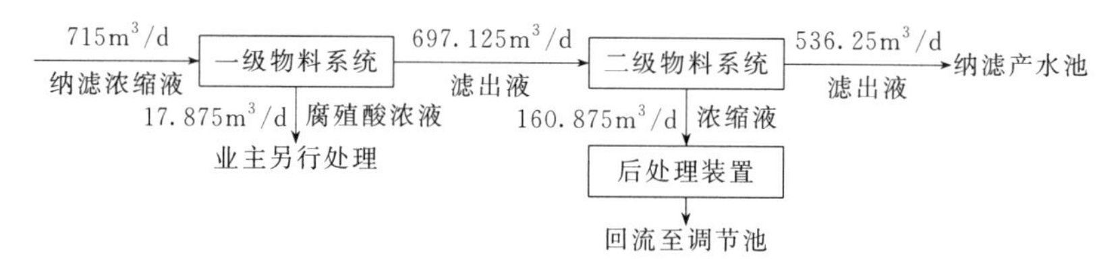

图3-4 GE物料分离膜的工艺流程

(2) 工艺流程说明如下。

① 纳滤系统的浓缩液首先进入一级物料膜系统，一级物料膜采用一级两段式运行，一级物料膜产生的浓缩液为高浓度有机废液，储存于腐殖酸浓液池，运往焚烧厂进行回喷。

② 一级物料膜透过液进入二级物料膜系统，此时废水中的有机物浓度已经大幅度降低，能够再进行浓缩，二级物料膜系统滤出液接至纳滤产水箱；二级物料系统产生的浓缩液设置后处理装置，后处理装置清液接至渗沥液调节池，产生的污泥接至污泥池。

3-152 问 渗沥液厂物料膜产生浓液水质如何?

答：物料膜浓液水质情况见表 3-10。

表 3-10 物料膜浓液水质情况

类别	COD/(mg/L)	氨氮/(mg/L)	总氮/(mg/L)	电导率/(μS/cm)
一级物料浓液	70000～80000	＜20	3000～4000	35000～40000
二级物料浓液	7500～9000	＜20	500～600	30000～40000

3-153 问 物料膜设备开机前需要做好哪些准备工作? 具体的操作注意事项有哪些?

答：**(1)** 准备工作

① 确认仪表空气气源处于正常状态且压力在正常范围内。

② 确认一级物料膜原水池位达到开机液位。

③ 确认流程上手动阀门处于相应的启闭位置。

④ 确认自控电柜上相应的阀门水泵处于自动状态。

⑤ 确认水泵引水罐水充足。

⑥ 盐酸、阻垢剂以及改良剂投加装置正常，药剂管路通畅。

(2) 注意事项

① 严格控制进水水质。保证系统在符合进水指标要求的水质条件下运行，否则将会对膜元件造成不可逆转的损坏，严重影响膜元件的使用寿命，如 ORP（氧化还原电位）小于 180mV。

② 操作压力控制。应在满足所产水量与水质的前提下，尽量取低的压力值，这样可避免设备频繁启停。

③ 过滤器的运行管理，由差压开关进行监视，一般允许其压差最大上升值不得大于 0.03MPa。

④ 控制进水温度，最高不得大于 40℃，最低不小于 5℃。

⑤ 夏季水温偏高的操作对策如下。

a. 在保证产水水质的前提下，可降低操作压力，实施减压操作。

b. 根据供水量要求，关停装置时间不得大于24h，否则容易造成膜面细菌滋生，增加压降。

⑥ 系统不得长时间停运，每天至少清水冲洗0.5h。如准备停机72h以上，应向组件内充装浓度为1%的亚硫酸氢钠溶液（冬天温度低于10℃时，需再加10%～18%丙三醇溶液防冻）以实施保护。

⑦ 系统开启时，需要排除过滤器中的空气，防止气体进入而损坏膜元件。

⑧ 系统开启后，请检查数字压力表和机械压力表的读数，若相差太大，则有必要停机校验。

⑨ 变频器已设置好，不可随意更改。“远程、就地”旋钮不可随意调换，特别是在系统运行中。

⑩ 管道泵的压差严格控制在流量曲线范围内，现场操作人员不得私自调整。

⑪ 不得擅自调节膜系统的浓水调节阀，严禁完全关闭，如需调整，必须要有专业人员在场。

⑫ 设备应有专人管理和操作，每班按时填写系统运行记录表，并做好运行日志。真实、完整和连续地记录设备运行情况，尤其是异常情况，以便于分析和总结经验，而且原始记录必须保存完好。

3-154问 一级物料膜系统运行过程中，进水pH值应该控制在多少？对pH值调节剂有什么要求？

答： pH值应该控制在5.8～6.2，用于调节pH值的酸不可以含有氯酸和氯气等强氧化剂。

3-155问 如何避免物料膜系统的微生物污染和有机物污染？

答：（1）控制进水中的微生物。

（2）生化系统单元适当使用絮凝剂。

（3）物料膜系统中添加阻垢剂。

（4）进水中禁止含有油脂。

（5）控制好进水TOC（总有机碳）和SDI。

3-156问 物料膜系统出水电导率过高如何解决？

答：（1）降低原水的TDS（总溶解性固体）。

(2) 低压力运行，需要提高压力。

(3) 膜组件有损坏，更换膜组件。

(4) 膜组件“盐水密封”短路，更换膜组件。

(5) 膜组件内接头O形环泄漏，需要更换。

(6) 给水浓度上升，应降低。

3-157问 一级物料膜在什么情况下需要进行清洗?

答：(1) 系统产水量较初运行值下降10%～15%。

(2) 一段膜压差超过3.4bar（340kPa），二段膜压差超过2.5bar（250kPa）。

(3) 比调试初期压差上升10%。

(4) 上诉条件未达到，运行45d以上也需要化学清洗。

3-158问 物料膜清洗的操作方法?

答：(1) 用盐酸（或酸性清洗剂）调节清水水箱pH值为2.5。

(2) 打第一个30min循环。记录清洗液pH值、温度、颜色的变化，如果清洗液颜色变化大、清洗液很浑浊则需要更换清洗液，然后继续清洗。

(3) 污染严重时，可用酸液浸泡1h。然后循环30min，如果清洗药液pH值变化超过0.5个pH值，需要添加适量酸液将pH值回调到2.5左右。将清洗液温度控制在32～35℃，每隔10min记录pH值、温度、颜色的变化，记录相关的数据。

(4) 如果清洗液不再有颜色变化，则用反渗透产水冲洗系统，冲洗时间根据进出水的pH值情况，pH值不再发生变化即冲洗结束。

(5) 碱洗。

(6) 在清洗水箱中加入溶解好的1%的EDTA，用氢氧化钠（或碱性清洗剂）调节pH值为11.5。

(7) 打第二个30min循环。记录清洗液pH值、温度、颜色的变化，如果清洗液颜色变化大、清洗液浑浊，则需要更换清洗液，继续清洗。

(8) 污染严重时，可用碱液浸泡1h。然后循环30min，如果清洗药液pH值变化低于0.5个pH值，需要添加适量氢氧化钠将pH值回调到初期水平。将清洗液温度控制在32～35℃，每隔10min记录pH值、温度、颜色的变化，记录相关的数据。

(9) 如果清洗液不再有颜色变化则用反水渗透产水冲洗系统，冲洗时间根据进出水的pH值情况，pH值不再发生变化即冲洗结束。

3-159问 物料膜的具体标准清洗工艺步骤是怎样的?

答：清洗操作过程必须严格按规定进行，否则清洗药剂与过滤介质之间会发生不可预见的反应作用，这会产生放热现象，进而损害过滤组件和管路。

在清洗操作程序中，应严格遵守每一步清洗操作的先后次序，下面是标准清洗工艺的操作步骤。

(1) 第一步，冲洗管路。膜管路的冲洗是为了冲净管道，排净空气。

① 将清洗罐（大小视实际情况而定）注反渗透产水至液位的90%。

② 检查清洗管路阀门并打开，保证冲洗管路畅通，冲洗水打向地沟，并保证空气排净。

③ 启动清洗泵，观察系统仪表（流量、压力、液位），记录数据。

④ 循环清洗30min，待冲洗基本干净，关闭二级物料膜系统。

(2) 第二步，加药清洗。加药清洗前，首先要确定：

a. 确认运行正常关闭；

b. 确认所需清洗管路已经过反渗透水冲洗；

c. 将清洗水箱注清水至液位的50%以上，清水温度32～35℃；

d. 启动清洗流程，确认相关手动阀打开；

e. 检测清洗罐中清洗液的pH值，使清洗液pH值达到相应要求。

加药清洗步骤如下。

① 首先进行酸性清洗，酸性清洗pH值要求为2～2.5，在清洗过程中如发现pH值未达到要求，可通过加药泵继续加药直至pH值降至2.5。酸性清洗时间根据具体情况确定，若无机盐等污染比较严重，清洗循环时间可适当延长，一般30min即可。

② 酸性循环清洗完成后，清洗罐必须放空，酸性清洗完成。

③ 酸性清洗后进行反渗透水冲洗，冲洗时间设定为30min。

④ 冲洗完后进行碱性清洗，首先加入1%EDTA，碱性清洗pH值要求为11～11.5，在清洗过程中如发现pH值未达到要求，可通过加药泵继续加药直至pH值升至11.5。碱性清洗时间根据具体情况确定，若有机体等物质污染比较严重时，清洗循环时间可适当延长，一般30min即可。

⑤ 碱性清洗完毕后，清洗罐必须放空，碱性清洗完成。

⑥ 碱性清洗后进行反渗透不冲洗，冲洗时间设定为30min。

⑦ 酸性清洗时药剂：盐酸或酸性清洗剂。碱性清洗药剂：EDTA，氢氧化钠或碱性清洗剂。

3-160 问 如何降低物料膜设备的清洗频率?

答：(1) 进水水质变化较大的，需专业人员对系统做相应调整。

(2) 预处理系统的不良和滤袋更换不及时是导致清洗频率的直接祸首，除应按正常操作外，定时的更换各种滤袋是十分必要的。

(3) 建议选择比较保守的水通量。

(4) 建议选择合理的水回收率。

(5) 保证有足够的浓水流速。

(6) 一定要对运行数据进行严格的控制。

3-161 问 物料膜系统设备的例行检查要求有哪些?

答：(1) 每日例行检测内容如下。

① 各个部位检漏。

② 电机或泵是否有异常噪声。

③ 油位（泵电机及空压机）。

④ 排空（空压机排水阀）。

⑤ 精密过滤器和膜的压降。

⑥ 加药箱的液位。

⑦ 填写操作参数表。

(2) 每周例行检测内容如下。

① 检查 pH/压力传感器，如果需要，应调整。

② 电导率仪设置点。

(3) 每月例行检测内容如下。

① 由对比法校验压力和流量传感器。

② 由对比法校验电导率仪。

③ 检查并更新备品。

④ 检测系统的水箱和管道，如果需要，则必须进行清洗。

(4) 每半年例行检测内容：检查高压泵、循环泵的螺丝及连线是否松动。

3-162 问 物料膜设备操作过程中产生故障可能有什么原因?

答：(1) 通量太低。如果通量太低（包括通量下降太快，清洗后通量恢复差等情况），可能是因为：清洗不彻底，可以延长清洗时间。如果效果不理想，还达不到要求，请咨询专业机构。

(2) 膜组件在运行中产水发黄

① 检查中心管（O形圈）、适配器（O形圈）、调节键的安装。

② 通知专业机构，做膜的探针试验，检查是否有需要更换的膜组件。

(3) 膜组件压差大

① 进水悬浮物浓度高，更换滤袋不及时造成。

② 要严格控制好膜的进水指标。

(4) 微生物污染（严重时会有望远镜现象）

① 控制进水中的微生物。

② 生化系统单元可能使用过量的絮凝剂。

③ 开始为首段污染，最后全段污染。

(5) 有机物污染

① 进水中禁止含有油脂。

② 控制好进水总有机碳（TOC）和污泥密度指数（SDI）。

③ 开始为首段污染，最后全段污染。

(6) 铁污染

① 进水中严禁有二价铁。

② 开始为首段污染，最后全段污染。

(7) 结垢

① 不允许超过设计回收率。

② pH值控制在5.8～6.2。

③ 一般最末端膜元件最容易产生结垢。

(8) 劣化（氧化、压密、膜材料降解）

① 进水氧化还原电位（ORP）小于180mV。

② 严禁水锤及超限高压运行导致膜压密。

③ 按专业机构要求进行酸碱清洗。

④ 首端膜元件最容易发生氧化、膜材料降解、水锤破坏。

(9) 膜元件物理损伤

① 严禁背压和压差过大运行。

② 背压一般末端元件最易发生。

③ 压差过大造成的其他物理损伤任何一段都可能发生。

3-163问 渗沥液厂纳滤过滤产生的清液如何处理?

答：纳滤清液因水质未完全达到《生活垃圾填埋场控制标准》（GB 16889—2008）

表二排放标准，还需进入 3100t/d 的反渗透进行过滤处置，产水率为 75%，反渗透技术可以有效地去除水中的溶解盐、胶体，细菌、病毒、细菌内毒素和大部分有机物等杂质。

3-164 问　渗沥液厂纳滤过滤产生的清液水质如何?

答：纳滤出水清水水质见表 3-11。

表 3-11　纳滤出水清水水质

类别	COD/(mg/L)	氨氮/(mg/L)	总氮/(mg/L)	电导率/(μS/cm)
纳滤出水	80～150	<5	40～100	15000～25000

3-165 问　什么是反渗透?

答：反渗透（Reverse Osmosis），即 RO，是一种施加压力于与半透膜相接触的浓缩溶液所产生的和自然渗透现象相反的过程，是用足够的压力使溶液中的溶剂（一般常指水）通过反渗透膜（一种半透膜）而分离出来，方向与渗透方向相反，可使用大于渗透压的反渗透法进行分离、提纯和浓缩溶液。利用反渗透技术可以有效地去除水中的溶解盐、胶体，细菌、病毒、细菌内毒素和大部分有机物等杂质。反渗透膜的主要分离对象是溶液中的离子，无需化学品即可有效脱除水中盐分，系统除盐率一般为 98%以上。

3-166 问　纳滤和反渗透系统有什么不同?

答：纳滤的作用主要是为了降低水中的有机物和二价盐，防止后续的反渗透系统出现有机物污染或者结垢；反渗透系统通常作为最后一步处理工艺，主要作用是脱除水中溶解性固体。纳滤与反渗透系统的对比如表 3-12 所示。

表 3-12　纳滤与反渗透系统的对比

工艺方案	纳滤(NF)	反渗透(RO)
膜结构	溶解-扩散膜，多层不对称结构或复合膜	致密型溶解-扩散膜，多层不对称结构或复合膜
膜材料	乙酸纤维素(CA)和芳香聚酰胺(PA)等	乙酸纤维素(CA)和芳香聚酰胺(PA)等
微孔膜直径/nm	0.8～9	0.1～4
渗透传递机理	根据溶解度及扩散系数之差进行分离，只允许转相组分进行扩散传递	根据溶解度及扩散系数之差进行分离，低压反渗透
截留物质直径/nm	0.8～9	0.1～4

续表

工艺方案	纳滤（NF）	反渗透（RO）
截留物质近似分子量/(g/mol)	＞200	＞30
适用膜组件	碟管式膜组件、卷式膜组件	碟管式膜组件、卷式膜组件
操作时跨膜压差/MPa	0.8～3.0	3.0～20.0
有效截留物质	低分子量溶质，具有离子选择性(截留高价阴离子和阳离子及盐、葡萄糖、乳糖和微污染物)	几乎所有的阴离子和阳离子、无机盐、有机物、重金属和细菌、病毒
无法截留物质	水分子和部分氨氮分子、一价阴离子和阳离子	水分子和很少部分氨分子
广泛应用领域	一价离子和多价离子的分离，给水工程，生产用水的软化、纺织和造纸工业废水的脱色，葡萄酒脱醇等	给水工程、海水淡化、垃圾填埋场渗沥液及其他成分复杂废水的净化处理等各领域
渗沥液中有害物质截留	除水分子和部分氨氮分子、一价阴离子和阳离子外，几乎所有物质	除水分子和很少部分氨氮分子外，几乎所有物质
出水 COD	较低	低
出水 TN	只截留部分大分子有机氮	低
清液得率	80%以上	70%～75%
浓缩液含盐量	较低	较高
浓缩液处理难度	较大	大
能耗	相对较小	较大
投资	略低	略高

3-167 问　渗沥液厂反渗透出水清水水质如何?

答：反渗透出水清水水质情况见表 3-13。

表 3-13　反渗透出水清水水质情况

类别	COD/（mg/L）	氨氮/（mg/L）	总氮/（mg/L）	电导率/(μS/cm)
反渗透出水	＜20	＜5	＜28	1000～1500

3-168 问　反渗透膜元件的使用年限有效?

答：膜的使用寿命取决于膜的化学稳定性、元件的物理稳定性、可清洗性、进水水源、预处理、清洗频率和操作管理水平等。质保要求一般使用 5 年以上，具体情况根据生产设计及实际进水水质。

3-169 问 什么是 SDI?

答：进水的污泥密度指数（SDI，又称污染指数），是目前用于评价反渗透/纳滤系统进水中胶体污染最有效的技术，也是反渗透系统设计时必须要确定的重要参数。

在反渗透/纳滤系统运行过程中，必须定期测量 SDI，地表水应每天测量 2～3 次。膜系统的进水规定是 SDI_{15} 值必须≤5。降低 SDI 预处理的有效技术有多介质过滤器、超滤、微滤等。在过滤之前添加聚电介质有时能增强上述物理过滤、降低 SDI 值的能力。

3-170 问 进水总溶解和电导率之间关系怎样?

答：当获得进水电导率数值时，必须将其转化成固体（TDS）数值，以便能在软件设计时输入。对于多数水源，电导率/TDS 的比率为 1.2～1.7。

3-171 问 反渗透系统如何保持膜的通量，如何防止膜结垢?

答：对膜进行定期清洗可以保证其膜通量。对于膜上结垢可以使用化学清洗的方法，酸性清洗剂主要用于清洗无机盐结垢，碱性清洗剂主要用于清洗有机物结垢。一般情况下，在进水的水质变化不大的情况下，运行压力比开始阶段高出 3bar（300kPa）以上，就要进行化学清洗，如果遇到水质较差情况，膜管运行压力至 4bar（400kPa）就要进行化学清洗。

3-172 问 反渗透系统应多久清洗一次?

答：一般情况下，当标准通量下降 10%～15%时，或系统脱盐率下降 10%～15%，或操作压力及段间压差升高 10%～15%，应清洗反渗透系统。清洗频度与系统预处理程度有直接的关系，当 $SDI_{15}<3$ 时，清洗频度可能为每年 4 次；当 SDI_{15} 在 5 左右时，清洗频度可能要加倍，但具体清洗频度应取决于具体项目现场的实际情况。

3-173问　反渗透系统停运保护的措施有哪些?

答：在反渗透系统停运5d以上时，应采取一些措施，对低压复合膜进行保护，防止细菌在膜上滋生。反渗透低压复合膜的短期和长期保护措施如下。

(1) 短期保护措施。短期保护方法适用于停运5d以上30d以下的反渗透系统。具体操作如下。

① 用反渗透产品水冲洗反渗透系统，同时注意将气体从系统中完全排除。

② 将压力容器及相关管路充满水后，关闭相关阀门，防止气体进入系统。

③ 每隔5d按上述方法冲洗一次反渗透系统。

(2) 长期保护措施。长期停用保护方法适用于停止使用30d以上的反渗透系统。具体操作步骤如下。

① 清洗系统中的膜元件。

② 用反渗透产品水或除盐水配制杀菌液，并用杀菌液冲洗反渗透系统。

③ 用杀菌液充满反渗透系统后，关闭相关阀门使杀菌液保留于系统中，此时应确认系统完全充满。

④ 如果系统温度低于20℃，应每隔30d用新的杀菌液进行第二、第三步的操作；如果系统温度高于20℃，应每隔15d更换一次保护液（杀菌液）。

⑤ 在反渗透系统重新投入使用前，用低压给水冲洗系统1h，然后用高压给水冲洗系统5～10min，无论低压冲洗还是高压冲洗时，系统的产水排放阀均应全部打开。在恢复系统正常操作前，应检查并确认产品水中不含有任何杀菌剂。

3-174问　渗沥液厂反渗透过滤产生的浓缩液如何处理?

答：反渗透产生的浓缩液会进行一个50%减量化处置工艺，25%的反渗透浓液通过除硬软化水质后进入800t/d DTRO（碟管式反渗透膜组件），DTRO处置后的浓缩液部分运往焚烧厂回喷和浸没式燃烧蒸发处置，清液检测达标后进入外排池。

3-175问　渗沥液厂反渗透过滤产生的浓缩液水质如何?

答：反渗透浓缩液水质情况见表3-14。

表3-14　反渗透浓缩液水质情况

类别	COD/(mg/L)	氨氮/(mg/L)	总氮/(mg/L)	电导率/(μS/cm)
反渗透浓缩液	800～1500	<10	100～200	45000～65000

3-176 问 DTRO 膜的工作原理是什么?

答：料液通过膜堆与外壳之间的间隙后通过导流通道进入底部导流盘中，被处理的液体以最短的距离快速流经过滤膜，然后 180°逆转到另一膜面，再流入到下一个过滤膜片，从而在膜表面形成由导流盘圆周到圆中心、再到圆周、再到圆中心的切向流过滤，浓缩液最后从进料端法兰处流出。料液流经过滤膜的同时，透过液通过中心收集管不断排出。浓缩液与透过液通过安装于导流盘上的 O 形密封圈隔离。

3-177 问 DTRO 膜的技术特点是什么?

答：DTRO 膜主要有避免物理堵塞、最低程度的结垢和污染、膜使用寿命长、组件易于维护、过滤膜片更换费用低和浓缩倍数高这六个技术特点。

(1) 避免物理堵塞。DTRO 组件采用开放式流道设计，料液有效流道宽，避免了物理堵塞。

(2) 最低程度的结垢和污染。采用带凸点支撑的导流盘，料液在过滤过程中形成湍流状态，最大程度上减少膜表面结垢、污染及浓差极化现象的产生，允许 SDI 值高达 20 的高污染水源，仍无被污染的风险。

(3) 膜使用寿命长。DTRO 组件有效减少膜的结垢，膜的污染程度减轻，清洗周期长，同时碟管式的特殊结构及水力学设计使膜组件易于清洗，清洗后通量恢复性非常好，从而延长了膜片寿命。实践工程表明，即使在渗液原液的直接处理中，DTRO 膜片寿命可长达 3 年以上，这在一般的膜处理系统是无法达到的。

(4) 组件易于维护。DTRO 组件采用标准化设计，组件易于拆卸维护，打开 DTRO 组件可以轻松检查维护任何一片过滤膜片及其他部件，维修简单，当零部件数量不够时，组件允许少装一些膜片及导流盘而不影响 DTRO 组件的使用，所有这些维护工作均在现场即可完成。

(5) 过滤膜片更换费用低。DTRO 组件内部任何单个部件均允许单独更换。过滤部分由多个过滤膜片及导流盘装配而成，当过滤膜片需更换时可进行单个更换，对于过滤性能好的膜片仍可继续使用，这最大程序减少了换膜成本。

(6) 浓缩倍数高。DTRO 组件操作压力具有 75bar、150bar、200bar（1bar＝100kPa）三个等级可选，是目前工业化应用压力等级最高的膜组件，在一些浓缩倍数高的应用中，其含固量可以达到 30％以上，浓缩倍数高。

3-178 问 碟管式反渗透膜（DTRO）和卷式反渗透膜相比有什么优点？

答：**(1)** 通道宽。膜片之间的通道（导流盘）为 6mm，而卷式封装的膜组件只有 0.2mm。

(2) 流程短。液体在膜表面的流程仅 7cm，而卷式封装的膜组件为 100cm。

(3) 湍流行。由于高压的作用，渗沥液打到导流盘上的凸点后形成高速湍流，在这种湍流的冲刷下，膜表面不易沉降污染物。在卷式封装的膜组件中，网状支架会截留污染物，造成静水区从而带来膜片的污染。

(4) DTRO 可以容忍较高的 SS 和 SDI。通俗一点讲，泥浆水进，都不容易堵塞。

3-179 问 旧式 DTRO 膜组件-ROCHEM DTRO 与传统 DTRO 比较有什么优点？

答：**(1)** 采用一体化不锈钢配水板，密封更加稳定。

(2) 一般配水盘在酸、碱化学作用，温度、压力变化等情况下造成材料性能下降，而 POM 配水盘四圈厚，中间变薄，内圈更薄，适应性强。

(3) DT 膜核心部件，原有部件水流截面大小不一，流量分配严重不均匀；现新部件水流截面大小 360°均匀，流量分配均匀，水力冲击小。

(4) 新一代导流盘改善了导流盘上的凸点，湍流形成更优，同时降低了膜片的震动。

(5) 新一代膜材料，表面光滑，相对不易被污染。

3-180 问 如何正确维护与保养 DTRO 膜？

答：DTRO 技术是目前垃圾渗沥液处理中有效的技术之一，DTRO 技术本身具有一定的抗污染性，但是在整个生产运行过程中如果因长时间没有得到有效的保护运营，或水质中的污染物及悬浮物、胶体、难溶质、金属氧化物和细菌等杂质长时间堆积，会对膜造成一定的影响，减少透过率，膜通量降低，使膜的寿命大大缩减，同时也使生产运行成本不断提高。所以在整个工艺运行过程中，应根据膜的工艺、渗透量、膜的性能等各项因素做好膜缺陷的分析并加以正确的维护改进。

我们需要了解 DTRO 技术在整个运行工艺过程中对水质的要求及在后续工艺过程中的运行原理，然后对 DTRO 进行有效的合理保养。

因 DTRO 技术在处理过程中要求进水为酸性，因此要对需要处理的渗沥液加入工业盐酸调节其 pH 值，通过对膜材料进行试验，确定 pH 值的范围。使膜始终处于偏酸的工作情况下，才能保证膜的寿命达到 5 年以上。

调整 pH 值之后的废水要进行水温的控制，一般水温要求控制在 5℃以上，才能保证膜片高效运行。在操作压力一定的条件下，温度的升高可以降低膜污染的速度。

DTRO 技术要求对膜要进行定期的清洗与维护，在清洗过程中要注意操作压力对膜污染的影响。在运行初级阶段，由于膜与溶质之间的吸附作用较大，此时提高操作压力能够使更多的溶质分子渗透过去，进而使膜污染降低。然而操作压力的不断增加会导致胶体物质在膜表面的沉积速度增加，这样进一步加快了膜污染的速度。因此，在实际操作过程中要根据实际情况合理选择操作压力，而且为了更好地控制膜通量，应当设定相应的警戒值，当跨膜压差达到一定值时，进行膜清洗。

3-181 问　造成 DTRO 组件损坏的主要原因有什么?

答：(1) 转矩错误（组件启动前没有拧紧）。如果组件连接杆上的转矩负载没有保持，组件底部的流体冲力会将液压盘和 O 形密封圈向入口法兰挤压，液压盘 O 形密封圈会因此脱离原来位置，进料会流入透过液通道，设备因为透过液电导率过高而关停。

(2) 透过液排放管受压（背压）。当设备停止时，透过液排放管中不应该有任何压力，否则，水压会使得薄膜垫层膨胀，脱离 O 形密封圈，被液压盘上的支承销刺穿，进而造成透过液管路的流量过大，作业质量下降。

(3) 进料管或浓缩液管中出现真空。进料管或浓缩液管中出现真空会造成与透过液排放管受压类似的损坏。

(4) 第一次启动前冲洗不当。启动前应冲洗设备，目的是去除组件中的空气。根据组件的数量不同，最终结果是必须要将系统中的空气清除。有些情况下（如完全更换组件后），必须手动操作设备。如果用户无法实施，应交由服务工程师或在公司指导下进行。

(5) 安装连接时没有看清标识。在安装组件时没有认真看清进液口（IN）和出液口（OUT）标识，后者没有和主管对应。

3-182问 更换DTRO膜的注意事项有哪些?

答：DTRO膜垫层超过了工作寿命后，透过液输出量及质量会降低，膜必须要予以更换。

注意：在保养良好的海水过滤器设备中，通常在使用5年多以后才需要更换膜。

当薄膜更换完毕后，将组件拆下，所有液压盘O形密封圈和薄膜垫层都被废弃。每个液压盘用硬毛刷和家用清洁剂彻底清洗，再装上新的O形密封圈。

建议在更换薄膜时更换其他O形密封圈。彻底检查其他所有元件是否被损坏或腐蚀。

3-183问 DTRO设备化学清洗周期、步骤及注意事项有哪些?

答：**(1)** 清洗周期。DTRO设备化学清洗周期需视实际的膜污染情况而定，一般为一周一次，化学清洗分为酸洗和碱洗。

(2) 清洗步骤

① 清洗前必须执行一次冲洗程序，尽量降低浓水端的电导率值。

② 将所需的清洗剂配置在清洗水箱中，浓度以粉末状清洗剂刚好溶化为宜。

③ 点击[化学清洗]按钮，激活化学清洗程序。当循环泵启动后用桶泵将已配制好的清洗剂抽至清洗水箱；碱洗清洗剂清洗时pH值控制在10.5～11，酸性清洗剂清洗时pH值控制在2～3（用两种药剂分别清洗时中间必须至少执行一次冲洗）。

④ 清洗过程中需留意清洗水的pH值，如果pH值有升高或下降，需适当补充药剂，将pH值控制在合理的范围内。

⑤ 清洗时需控制好水位及温度，温度不应超过45℃；温度过高时可以点击[化学清洗停止]按钮终止清洗，待水温回落后再次启动化学清洗程序。

⑥ 为了DTRO系统的安全，DTRO设备严禁使用带有氧化性的药剂进行清洗，DTRO膜对带有氧化性质的药剂异常敏感，如有接触将会导致膜芯报废的严重后果。

(3) 注意事项

① 大流量滤芯压差不应超过1bar（100kPa），如压差过高需更换滤芯。

② 阻垢剂添加量为6～10mg/L。

③ 系统进水量不得大于18m^3/h，系统回收率不得超过55%。

④ 空压机及泵需定期更换专用的润滑机油（平均一个季度更换一次，具体时间以设备生产厂家给定的时间为准）。

3-184 问 渗沥液厂 DTRO 设备产生清液和浓缩液水质如何？

答：DTRO 设备出水、浓缩液水质情况见表 3-15。

表 3-15 DTRO 设备出水、浓缩液水质情况

类别	COD/（mg/L）	氨氮/（mg/L）	总氮/（mg/L）	电导率/(μS/cm)
DTRO 出水	＜15	检不出	＜15	1000～3000
DTRO 浓缩液	1500～2000	＜10	150～200	90000～120000

3-185 问 什么是膜污染？

答：膜污染是指在膜过滤过程中，水中的微粒、胶体粒子或溶质大分子由于与膜存在物理化学相互作用或机械作用而吸附、沉积膜表面或膜孔内，造成膜孔径变小或堵塞，使膜产生透过流量与分离特性发生不可逆变化的现象。

3-186 问 膜污染如何分类？

答：膜污染主要可以分为可逆污染和不可逆污染两类，具体如图 3-5 所示。

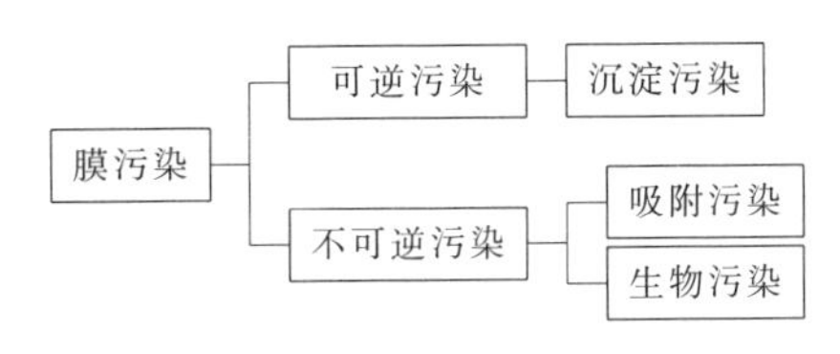

图 3-5 膜污染的分类

(1) 沉淀污染。当原水中盐的浓度超过了其溶解度，就会在膜上形成沉淀或结垢。受人们关注的污染物是钙、镁、铁和其他金属的沉淀物，如氢氧化物、碳酸盐和硫酸盐等。

(2) 吸附污染。有机物在膜表面的吸附通常是影响膜性能的主要因素。随时间的延长，污染物在膜孔内的吸附或积累会导致孔径减小和膜阻增大，这是难以恢复的。吸附污染的主要污染物是胶体、蛋白质大分子、天然高分子有机物等。

(3) 生物污染。微生物在膜-水界面上的积累，以及一些真菌、细菌直接或间接降解膜聚合物，从而影响系统性能的现象。

3-187问 膜污染物的分析方法有哪些?

答：解剖已污染的膜组件，并详细分析其污染物，这是膜污染分析的最好方法，但这样必然破坏膜组件。因此需要通过其他方法确定膜污染物的结构、组成和性质特性。

光学显微镜法、扫描电子显微镜法、能量色散X射线法和红外光谱法是最常用的膜污染物分析方法。除此之外，X射线荧光法、原子吸收法、ESCA法（化学分析电子额能谱）和俄歇能谱法也能用于膜污染物分析。

3-188问 膜污染程度的影响因素有哪些?

答：膜污染是膜分离不可避免的问题。影响膜污染程度的因素不仅与膜本身的特性有关，如膜的亲水性、荷电性、孔径大小及其分布宽窄、膜的结构、孔隙率及膜表面粗糙度，也与膜组件结构、操作条件有关，如温度、溶液pH值、盐浓度、溶质特性、料液流速、压力等。对于具体应用对象，要做综合考虑。

(1) 粒子或溶质尺寸与膜孔的关系。当粒子或溶质的尺寸与膜孔相近时，极易产生堵塞作用，而当膜孔小于粒子或溶质的尺寸时，由于横切流作用，它们在膜表面很难停留聚集，因而不易堵孔。另外，对于球形蛋白质、支链聚合物及直链线型聚合物，它们在溶液中的状态也直接影响膜污染；同时，膜孔径分布或切割分子量敏锐性，也对膜污染产生重大影响。

(2) 膜结构。膜结构的选择对膜污染而言也很重要。对于微滤膜，对称结构较不对称结构更易堵塞；对于中空纤维膜，单内皮层中空纤维比双皮层膜抗污染能力强。

(3) 膜、溶质和溶剂之间的相互作用。在膜-溶质、溶剂-溶质、溶剂-膜相互作用对膜污染的影响中，以膜与溶质的相互作用影响为主。相互作用力包括：静电作用力、范德华力、溶剂化作用及空间立体作用。

(4) 膜表面粗糙度、孔隙率等膜的物理性质。膜表面光滑，则不易污染；膜面粗糙，则易吸留溶质污染。

(5) 蛋白质浓度。即使溶液中蛋白质等大分子物质的浓度较低（0.001～0.01g/L），膜面也可形成足够的吸附，使通量有明显下降。

(6) 溶液pH值和离子强度。pH值的改变不仅会改变蛋白质的带电状态，也改变膜的性质，从而影响吸附，故是膜污染的控制因素之一。溶液中离子强度的变化会改变蛋白质的构型和分散性，影响吸附。膜面会强烈吸附盐，从而影响膜的通量。

(7) 温度。温度的影响比较复杂，温度上升，料液黏度下降，扩散系数增加，降低了浓差极化的影响；但温度上升会使料液中的某些组分的溶解度下降，使吸附污染增加，温度过高还会因蛋白质变性和破坏而加重膜的污染，故温度的影响需综合考虑。

(8) 料液流速。膜面料液的流动状态、流速的大小都会影响膜污染。料液的流速或剪切力大，有利于降低浓差极化层和膜表面沉积层，使膜污染降低。

此外，膜污染程度还与膜材质，保留液中溶剂及大分子溶质的浓度、性质，膜与料液的表面张力，料液与膜接触的时间，料液中微生物的生长状况，膜的荷电性和操作压力等有关。

3-189 问　膜污染的产生有哪些原因?

答：膜污染的产生主要有五类原因。

(1) 膜性能的损坏。新膜、停运状态的旧膜保养时的不规范操作；在保养符合要求的情况下，新膜储存时间超出 1 年；膜工作的环境温度在 5℃以下；膜系统在高压状态下运行；人为系统操作过程的不当行为等都可能造成膜性能的损坏。

(2) 水质变化频繁。原水水质与设计进水水质变化时，预处理的负荷加大，由于进水中含无机物、有机物、微生物、粒状物和胶体等杂质增多，污染概率也因此增大。

(3) 清洗不及时或清洗方法不正确。

(4) 错误使用投加药剂。

(5) 膜表面磨损。当膜元件被异物堵塞或是膜表面受到磨损（如沙粒等）时，需要用探测法探测系统内元件，找到已经损坏的元件，优化系统预处理方式并更换膜元件。

3-190 问　膜污染的防治方法有哪些?

答：可以采用以下措施减轻膜在使用前中后产生的污染。

(1) 对料液采取有效的预处理。如预过滤去除胶体、固体悬浮物及铁锈等；加入絮凝剂进行预絮凝、预过滤；改变溶液 pH 值以除去部分与膜相互作用的溶质。

(2) 改善膜面附近料液的流体力学条件。如提高进料流速以增大膜面料液流动速度，或采用湍流促进器和设计合理的流道结构等方法，使被截留的溶质及时被水流带走。

(3) 减少设备结构的死角和死空间，防止滞留物在其间变质，扩大膜的污染程度。

(4) 提高料液水温。在允许的最高温度限内，适当提高料液温度，加速分子扩散，提高料液流速；或降低膜两侧的压差或料液浓度，均可以减轻浓差极化现象。

(5) 加入消毒剂、杀菌剂、阻垢剂。

(6) 在使用前对膜面适当预处理，减小膜面的吸附，防止膜面和料液中的某些组分起作用，同时，防止酶在膜处理的过程中失活。

(7) 膜材料的亲疏水性、荷电性会影响到膜与溶质间相互作用的大小，常在膜表面改性时引入亲水基团，或用复合膜手段复合一层亲水性分离层，或用阴极喷镀法在膜表面起到防护膜材料的作用。

(8) 对于不同分离对象，溶液中最小粒子及其特性不同，应用试验来选择最佳孔径的膜。理论上，在保证能截留所需粒子或大分子溶质的前提下，应尽量选择孔径或截留分子量大一些的膜，以得到较高的透水量；但试验发现，选用较大的膜孔径，具有更高污染速率，且长时间运行时，透水量衰减得更快。

(9) 用膜分离浓缩蛋白质和酶时，在不使蛋白质变性失活的前提下，一般把pH值调至远离等电点，可以减轻膜污染。

(10) 对于不同的分离对象，合适的盐类型与浓度要用试验确定。一是有些无机盐复合物在膜表面或膜孔内直接沉积可能使膜对蛋白质的吸附增强而污染膜；二是无机盐改变了溶液离子强度，影响蛋白质的溶解性、构形与悬浮状态，使形成的沉积层疏密程度改变，从而影响膜的透水率。

(11) 选择合适的压力与料液流速，保证得到最佳透水率的同时避免凝胶层的形成。

(12) 优化操作条件。包括控制初始渗透通量，反向放置微孔膜，利用高分子溶液的流变特性及脉动流操作和鼓泡操作，采用两相流操作、离心操作、电超滤、电纳滤、振动膜组件和超声波辐射等。

(13) 对膜进行定时和不定时的冲洗；对膜进行妥善保养及保存。膜清洗保养的最基本原则是不能让膜变干和发霉。

3-191问 怎样防止膜元件原包装内滋生微生物?

答：当保护液出现浑浊时，很可能是因为微生物滋生之故。用亚硫酸氢钠保护的膜元件应每3个月查看一次。当保护液出现浑浊时，应从保存密封袋中取出元件，重新浸泡在新鲜保护液中，保护液浓度为1%（质量分数）食品级亚硫酸氢钠（未经钴活化过），浸泡约1h，并重新密封封存，重新包装前应将元件沥干。

3-192问 待处理水进入超滤、纳滤、反渗透膜系统前，对水质有什么要求?

答：理论上讲，进入超滤、纳滤、反渗透膜系统的水应不含有如下杂质：悬浮物、胶体、硫酸钙、藻类、细菌、氧化剂（如余氯）等；油或脂类物质（必须低于仪器的检测下限）；有机物和铁-有机物的络合物；铁、铜、铝腐蚀产物等金属氧化物。

3-193问 超滤、纳滤、反渗透膜元件上盐水密封圈的安装要求是什么?

答：超滤、纳滤、反渗透膜元件上的盐水密封圈应装在元件进水端，同时开口面向进水方向，当给压力容器进水时，其开口（唇边）将进一步张开，完全封住进水从膜元件与压力容器内壁间的旁流。

3-194问 渗沥液厂超滤、纳滤、反渗透膜清洗的主要方法有哪些?

答：从污染膜上去除沉积物的清洗方法共有五类：物理清洗、化学清洗、物化清洗、电清洗及超声波清洗。

(1) 物理清洗。物理清洗是用机械方法从膜面上去除污染物，包括多种方法，如正方向冲洗、变方向冲洗、透过液反压冲洗、振动、排水充水法、空气喷射、自动海绵球清洗、水力方法、气-液脉冲和循环洗涤等。

(2) 化学清洗。化学清洗实质上是利用化学试剂和沉积物、污垢、腐蚀产物及影响通量速率和产水水质的其他污染物的反应去除膜上的污染物。化学试剂包括酸、碱、螯合剂和按配方制造的产品等。

(3) 物化清洗。将物理和化学清洗方法结合使用可以有效提高清洗效果，如在清洗液中加入表面活性剂可使物理清洗的效果提高。

(4) 电清洗。电清洗是一种十分特殊的清洗方法。在膜上施加电场，则带电粒子或分子将沿电场方向移动，通过在一定时间间隔内施加电场，且在无需中断操作的情况下从界面上除去粒子或分子。这种方法的缺点是需使用导电膜及安装有电极的特殊膜器。

(5) 超声波清洗。利用超声波在水中引起剧烈的紊流、气穴和振动达到去除膜污染的目的。

3-195问 纳滤、反渗透膜系统在未经系统冲洗的情况下，最长允许停机时间及停机时的注意事项有哪些?

答：纳滤、反渗透膜系统在未经系统冲洗的情况下，最长允许停机时间根据情况有所不同。如果纳滤、反渗透膜系统中有使用阻垢剂，当水温在20～38℃，最长允许停机大约4h；在20℃以下时，大约8h；如果膜系统未使用阻垢剂，约1d。

膜系统是按连续运行作为设计基准的，但在实际操作时，总会有一定频度的开机和停机。当膜系统停机时，必须用其产水或经过预处理合格的水进行低压冲洗，从膜元件中置换掉高浓度但含阻垢剂的浓水。还应采取措施预防系统内水漏掉而引入空气，因为元件失水干掉的话，可能产生不可逆的产水通量损失。如果停机时间小于24h，则无需采取预防微生物滋生的措施。但如停机时间超过上述规定，应采用保护液作系统保护或定时冲洗膜系统。

3-196问 化学清洗剂的选择原则是什么?

答：化学清洗剂是利用某种化学药品与膜表面有害杂质进行化学反应来达到清洗膜的目的。其主要选择原则是：清洗剂不能与膜及其他组件材质发生任何化学反应；不能因为使用化学药品而引起二次污染。

3-197问 不同类型膜污染的清洗剂如何选取?

答：根据膜污染物类型的不同，选择如表3-16所示的清洗剂。

表3-16 膜污染清洗剂的选择

污染类型	清洗剂类型	污染物类型
沉淀污染	酸溶液清洗剂	无机矿物质盐类
吸附污染	碱溶液清洗剂	蛋白质大分子
生物污染	氧化性清洗剂	细菌真菌微生物

(1) 酸溶液清洗剂。酸类清洗剂可以溶解并去除无机矿物质和盐类，溶出结合在凝胶层和水垢层中的铜、镁等无机金属离子，将残存的凝胶层和水垢层从膜表面彻底清洗以恢复其通透能力。常使用的酸有盐酸、柠檬酸、草酸等。配制酸溶液的pH值因膜材料而定。因此，酸溶液清洗法可以处理沉淀污染。

(2) 碱溶液清洗剂。碱性清洗液可以有效去除蛋白质污染，破坏凝胶层，使其从膜表面剥离下来。如对于大分子物质等在膜表面形成的凝胶层，物理清洗效果甚微，可用碱液浸泡清洗污染膜，碱性条件下有机物、二氧化硅和生物污染物易被清除。因此，碱溶液清洗法可以处理吸附污染。

(3) 氧化性清洗剂。氧化性清洗剂如 H_2O_2、NaClO 等都具有强氧化性，是目前常用的杀菌剂，既除去了污垢，又杀灭了细菌。

因此，过氧化氢清洗剂可以处理生物污染。

清洗不同的废水处理用膜，应采用不同的化学清洗方法，且化学清洗液的浓度要适宜。如质量分数为 2%～5%的次氯酸钠稀溶液对去除膜孔内附着滋生的微生物有很好的效果。

4

设备维保篇

4.1 风机

4-198问 风机温度过高的原因及处理方式有哪些?

答：(1) 原因：通风不好，室内温度高，造成进口温度高。处理：强排风，增加空气流通，降低室温，降低进口温度。

(2) 原因：冷却液低液位，冷却效果差，导致设备温度及出口温度高。处理：补充冷却液。

(3) 原因：冷却水泵积灰严重，导致冷却效果差，出口温度及设备温度升高。处理：积极检查设备，及时清扫冷却水泵灰尘。

(4) 原因：磁悬浮风机采用风冷降温，过滤棉堵塞导致风量减少，降温效果差。处理：积极清理过滤棉，保证通畅。

4-199问 风机流量不足的原因及处理方式有哪些?

答：(1) 原因：出风口阀门未正确开启。处理：检查出风口阀门开度，保证阀门全开。

(2) 原因：风机吸风口有障碍物，导致吸风量不足。处理：清除设备周围障碍物，保障设备吸风正常。

(3) 原因：风机吸风口的粗效滤棉和精效滤棉积灰，导致堵塞。处理：定期清理过滤棉，保证过滤效果。

(4) 原因：设备设置错误。处理：检查设备运行参数，查看运行数据是否满足生产需求。

4.2 配电间

4-200问 对配电间有什么要求?

答：(1) 配电间应采用外开式防火门，配电间内连接门应为双开式防火门。

(2) 门口应设置防鼠挡板，防止小动物进入配电间。

(3) 高压配电间窗户应采用不可开启式窗户，且窗户前应设置防护铁丝网，防止意外导致窗户破碎。

(4) 配电间内所有金属设备和设施均需接地。

(5) 配电间电缆沟、电缆桥架等与外界连通处应进行防火封堵。

(6) 配电间内需配备应急照明。

4-201问 高低压配电柜安装应注意些什么?

答：(1) 配电柜安装在振动场所，应采取防振措施。

(2) 柜本体及柜内设备与各构件间连接应牢固，主控制柜与继电保护柜、自动装置柜等应采取螺栓固定，禁止电焊焊接。

(3) 单独或成列安装时，其垂直度、水平度以及柜面不平度和柜间接缝的允许扁差按施工要求安装。

(4) 端子箱安装应牢固，封闭良好，安装位置应便于检查；成列安装时应排列整齐。

(5) 柜的接地应牢固良好。装有电器的可开启的柜门，应以软导线与接地的金属架构可靠地连接。

(6) 柜内配线整齐、清晰、美观、导线绝缘良好，无损伤，配电柜的导线不应有接头；每个端子板的每侧接线一般为一根，不得超过两根。

(7) 柜内配线应采用截面不小于1.5mm、电压不低于400V的铜芯线。

(8) 柜内敷设的导线应符合安装规范的要求，即同方向导线汇成一束捆扎，沿柜框布置导线；导线敷设应横平竖直，转弯处应成圆弧过渡的直角。

(9) 橡胶绝缘芯线进出柜内、外应外套绝缘管保护。

(10) 配电柜安装好后，柜面油漆应完好，若有损坏，应重新喷漆。低压配电柜是企业重要的电气设备，安装完之后需每年对其体检和保养，以确保低压配电柜的正常和安全运行。

4-202问 运行前配电间内应配备的工器具有哪些?

答： 运行前配电间应配备挡鼠板、验电笔、绝缘毯、绝缘手套、绝缘靴、二氧化碳灭火器、接地线和安全标示牌等。

4-203 问 配电间验收时应注意什么?

答：(1) 所有供配电设备均应安装在基础上，禁止直接安装于地面。

(2) 接地应规范，搭接面积应大于扁铁宽度 2 倍，接地电阻应小于 1Ω，所有配电间内金属设施均要求接地。

(3) 电气回路模拟屏应安装到位，且与实际一致。

(4) 高压柜小车摇进摇出过程中应无卡涩情况，接地刀操作时应顺滑无卡阻。

(5) 高压开关五防闭锁应进行验证试验，不得解除五防闭锁。

(6) 高低压设备试验结果应合格。

4-204 问 配电间需制订哪些制度?

答：(1) 配电间门口应配备警示标志。

(2) 配电间管理制度应上墙。

(3) 配电间内应有出入登记簿。

(4) 配电间内应有倒闸操作票。

(5) 配电间内应有应急预案。

4-205 问 供电设备送电前应注意些什么?

答：(1) 送电前应先对设备进行验收，验收不通过不得进行送电。

(2) 送电前应严格执行操作票制度，提前填写操作票，至少提前一天将操作票交给操作人员。

(3) 送电前安全工器具应配齐。

(4) 送电前应检查所有设备状态及开关位置，满足送电条件后方可汇报供电部门进行送电。

4-206 问 保证电气设备合理运行的基本要求是什么?

答：(1) 检查现场设备是否按照设计施工，开关与设备选型是否匹配。

(2) 对电气设备进行投入运行前的应有的试验、检查和验收。

(3) 对电气设备进行定期检查与定期维护。

（4）在日常的运行的电气设备按规定进行养护。

（5）制订完善的预防性计划检修措施和电气故障处理程序。

（6）记录电气设备的运行数据。

4-207问　电气设备出现故障应如何操作？

答：（1）发现设备出现故障应先停用设备，报告维修部门。

（2）设备维修时应先切断设备上级电源，在上级电源侧挂“禁止合闸，有人工作”标示牌，切断电源后方可进行触碰设备本体。

（3）工作区域应用红白带或遮拦隔离，防止无关人员进入维修现场。

（4）设备修复后现场应进行打扫，做到“工完料净场地清”，恢复设备供电，确认设备正常后撤离。

4-208问　电气设备维修有没有时限要求？

答：（1）严格按照垃圾渗沥液处理厂电气设备维护保养表的规定，定期进行电气设备的维护保养，降低电气设备故障率，保证设备长期稳定运行。

（2）对主要电气设备进行大修、中修及小修，现场机电技术人员应在规章内完成。

（3）日常应急性设备故障，属于一般情况的，在2h内完成；如果需外出采购，在36h内完成；如果需外协加工，在48h内完成。

（4）对一般的电气故障，如接触不良、开关按钮失灵等，在4h内完成修复；中型的电气故障，如电机损坏等，在24h内修复；大型的电气故障，如可编程逻辑控制器（PLC）故障、控制系统故障等，在一周内修复。

4-209问　电气设备巡检的主要内容有哪些？

答：（1）高低压开关柜上的电流、电压指示仪表是否在允许的范围之内，指示是否异常；各开关指示信号是否与开关位置对应；设备运行中是否存在异响。

（2）检测各继电保护装置是否动作，是否存在报警信息，开关是否正常状态。

（3）巡视变压器各相温度是否超出额定范围，冷却风扇是否在启动条件下正常运行，倾听变压器是否有异响。

（4）靠近配电柜、变压器、动力配电箱，听是否有异常响声，闻到异常气味，关灯后观察是否有放电、起火等异常现象。

(5) 察看无功补偿电容屏，注意各项三相电容电流是否平衡，熔丝是否断落，400V母线电压是否过高。

(6) 察看变频控制柜电流是否过负荷，电流是否稳定，有没有异常波动现象。

4-210问 电气设备的常见故障有哪些?

答：在电气设备运行一段时间以后，难免会受到磨损或干扰，如果不能及时排除故障，将威胁到电气设备的安全运行。要解决电气故障，就要了解电气设备常见故障有哪些。

(1) 短路。导致电气设备出现短路的最主要原因在于绝缘层不再具有绝缘能力，而引发这种情况。产生的原因有些在于绝缘层受潮或磨损，有些则是线路使用时间过长出现了绝缘层老化的情况，再加上电气设备年久失修也会发生短路。

(2) 温度过高。对电气设备来说，在运行中一定需要导线，但每种导线都有自己的最高承受电流负荷范围，如果电流负荷异常，超出导线原有承受能力，就会瞬间提高导线温度，进而使导线老化加速，严重时甚至导致其烧毁。之所以会出现这种情况，可能与设备长期运行后缺少润滑油有关，同时，如果设备运行空间过小、散热差，无法及时将热量散发出去，也会出现这种情况。此外，没有及时为设备清理灰尘与杂物，也会导致温度过高，进而威胁到电气设备安全。

(3) 电弧与电火花。在电气设备运行中，很容易因导线绝缘层破坏等产生电弧与电火花，一旦发生这种情况，将直接威胁到全厂整体安全，尤其是电火花容易引发电失火，处理难度极大。

4-211问 电气设备故障有哪些常见解决对策?

答：**(1)** 绝缘层短路故障的解决对策。为防止绝缘层出现短路，就要做好设备与线路布置，防止设备在使用中发生损伤。同时，做的防腐防潮设计，保护绝缘层，避免绝缘层直接接触外界。为避免设备在使用中突然停止工作诱发火灾，可以采用双电源，且保证两个电源能够随意切换，一旦其中一个电源停止工作，另一个电源能够及时接替其完成工作，这样也可以为抢修人员提供一定的时间，顺利完成抢修任务。同时，要避免相线碰壳接地导致短路，可以为电气设备增设金属外壳，通过这种方式还可以有效防止高温引发不必要危险。

(2) 导线升温的解决对策。为减少导线升温所带来的不利影响，要结合电气设备实际情况选择导线，并计算好导线最大荷载，控制导线负荷量，同时将保护装置应用其中，实时监测电气设备运行情况，随着保护装置的应用，一旦电气设备发生故障，装置就会自动报警，相关工作人员也可以根据提示开展抢修工作。相关工作人员还要定期维护电气设备，根据检修计划，清理设备上的杂物与灰尘，给予电气设备足够的运行空间，保证热量能够及时散发出去。此外，相关工作人员还要做好温度检测与记录，检查电气设备是否在使用中出现异常高的情况，如果出现这种情况，就要立即采取措施为其降温，防止温度过高造成不必要的损害。

(3) 电弧与电火花的解决对策。由于电气设备运行中容易产生电弧与电火花，所以，应让易产生电弧与电火花的设备远离危险场地，并做好应急措施，配备合适好防护设备。可以选用不易点燃的电缆，且选用不具有燃烧性的导线，同时做好日常检查，这样也可以防止出现绝缘破损的情况，一旦发现存在异常情况，就要立即处理。

4.3 锅炉

4-212问 锅炉常见故障有哪些?如何检测?

(1) 缺水事故

① 低水位报警器动作发出信号。

② 水位看不见。

③ D_{gs}（给水流量）大于 D_{bq}（饱和蒸汽流量）。

④ 过热器温度升高。

(2) 满水事故

① 高水位报警器动作发出信号。

② 水位看不见。

③ D_{gs} 大于 D_{bq}。

④ t_{gq}（过热蒸汽温度）下降/蒸汽管中有水击声。

⑤ 蒸汽含盐量增加。

(3) 炉管爆破事故

① 水位下降

② 给水压力和蒸汽压力下降。

③ 炉内有爆破声，炉内负压下降，呈正压，炉烟喷出炉外。

(4) 过热器管爆破

① 漏汽声。

② D_{gs} 大于 D_{bq}。

③ 燃烧室是正压。

④ 过热段烟温下降。

(5) 炉内灭火打炮事故

① 炉内负压降低，一、二次风降低。

② 炉内发黑，如打炮有打炮声。

③ 锅筒蒸汽压力 P（或过热蒸汽压力）下降，t_{gq} 下降，H_{gq}（过热蒸汽焓）下降。

4-213 问　什么是锅炉的大修、中修和小修?各有何特点?

答：大修：全面维修，更换 50%地水冷壁管，炉墙全部拆除，72～120 个月一次。

中修：有针对性维修，12～24 个月一次。

小修：设备小的维修、检查和保养。4～6 个月一次。

4-214 问　锅炉停用后为什么要养护?方法有哪些?其适应范围如何?

答：养护的目的是防止氧腐蚀。方法如下。

(1) 湿法养护（压力养护法、联胺养护、碱液养护）。

(2) 干法养护（干燥剂防腐、烘干防腐）。

湿法养护适用 30d 以内的短期停炉；干法养护适用 30d 以上的长期停炉。

4-215 问　锅炉的三大安全附件是什么?

答：压力表、安全阀和水位表。

4-216 问　锅炉检验有何规定?

答：国家规定锅炉检验周期为 2 年，安全阀强制安全检验周期为 1 年，压力表检验周期为半年。应在规定的检验有效期届满前 1 个月向锅炉检验检测机构提出定期检验申请。

4-217 问　锅炉的蒸汽管道是不是压力管道?

答：压力管道是指利用一定的压力，用于输送气体或者液体的管状设备，其范围规定为最高工作压力大于或者等于0.1MPa（表压），介质为气体、液化气体、蒸汽或者可燃、易爆、有毒、有腐蚀性、最高工作温度高于或者等于标准沸点的液体，且公称直径大于或者等于50mm的管道。公称直径小于150mm，且其最高工作压力小于1.6MPa（表压）的输送无毒、不可燃、无腐蚀性气体的管道和设备本体所属管道除外。

4.4 泵

4-218问　如何安装泵?

答：泵安装的好坏对泵的运行和寿命有重要影响，所以安装和校正必须仔细进行。

(1) 清除底座上的油腻和污垢，把底座放在地基上。

(2) 用水平仪检查底座的水平高度，允许用楔铁找平。

(3) 用水泥浇灌底座和地脚螺栓孔眼。

(4) 水泥干固后检查底座和地脚螺栓孔眼是否松动，合适后拧紧地脚螺栓，重新检查水平。

(5) 清理底座的支持平面，水泵脚及电机脚的平面，并把泵的电机安装到底座上去。

(6) 联轴器之间应保持一定的间隙，一般为2mm。检查水泵轴与电机轴中心线是否一致，可用薄垫片调整使其同心。测量联轴器的外圆上下、左右的差别不得超过0.1mm，两联轴器端面间隙一周上最大和最小的间隙差别不得超过0.3mm。

4-219问　水泵安装时的注意事项有哪些?

答：**(1)** 泵的进出口依次安装阀门及橡胶抗振节（管道补偿器），以方便检修。

(2) 在泵的安装顺序上，要先连接进出口管路螺栓，再紧固定脚螺栓，以防连接管路时对泵产生拉伸性应力，损坏泵机。

(3) 出口管路距离长时，应在出口处安装上止回阀，以防停车时水锤对泵产生破坏力。

(4) 泵的进出口管路的配置上，为减少管道流阻、提高管道的输送效率，泵的配管应大于泵进出口一个等级。

(5) 泵的进出口管路应设重力支撑系统，泵不能承受管道重量。

4-220 问 泵运行前需要检查些什么?

答：试运行前应先用手盘动联轴器或轴，检查转向是否正确，运转是否灵活。如盘不动或有异常声音，应及时检查。检查时先从外部着手检查联轴器是否水平，从轴承座上的油镜孔处查看润滑油的位置是否在油镜的中心线附近（太多应放掉一些，太少应加上一些），边检查边盘动，如果问题依然存在，就要拆泵检查，清理异物，并和厂家联系协商解决办法。

4-221 问 轴承座应如何进行维护?

答：轴承座中应定期更换润滑油，一般以运行6个月为更换周期。加注润滑油的油位以到油镜中心线为好，油位不应太低或太满。油位太低起不到润滑作用，太高轴功率消耗负荷增加。

4-222 问 泵在运行时如何检查与维护?

答：(1) 泵在运行时应定期进行巡检（2h巡检一次），检查泵是否有异响，压力是否正常，冷却水管是否堵塞。

(2) 经常查看外冷却系统工作是否正常，通联冷却水的泵应查冷却水供水是否正常，加注冷却油的泵查看油位是否保持，不足时及时加注。

(3) 泵在关闭出口阀门时的运行称为闭压运行状态，全塑泵或衬塑泵的闭压运行时间应尽可能缩短，常温介质以不超过10min为限，高温介质最好不要超过5min。

4-223 问 液下泵的安装、拆卸有什么要求?

答：(1) 液下泵的安装要求

① 液下泵必须垂直安装在液料池或水槽上面的固定支架上。

② 液下泵的吸入口距离池底部应大于200mm。

③ 液下泵的出口管路必须另设支架，不允许将其重量直接落在泵体上。

(2) 液下泵的拆卸顺序

① 液下泵关闭压出管路中的闸阀，卸掉吐出管上部分法兰的连接螺栓或连接接管。拆掉一段管路，其长度以不妨碍泵的起吊为准。

② 拆下泵体与支架的螺栓，旋掉叶轮。

③ 液下泵松开电机架与电机的连接螺栓，吊去电动机。

④ 拆下中部支架，拉下联轴器。

⑤ 拆下轴承体上下轴承盖，即可检查轴承状况。

4-224问 隔膜泵的检修与其他形式的泵有什么不同?

答：隔膜泵的流量调节是靠旋转调节机构，改变活塞冲程来调节的。其原理是：旋转调节机构的手轮，通过可调轴和滑轴发生轴向变换，此运动通过滑轴上的斜槽转变为偏心轮的径向位移，经过连接杆推动活塞，由于活塞冲程的改变，从而达到流量调节的目的。

(1) 调节机构拆装时要标定冲程长度位置（冲程长度为5mm），卸下刻度表座，将刻度环滑入标定位置，测量的冲程长度应与刻度表完全一致。

(2) 膜片更换时，拆装泵头应预先吊起，防止坠落损坏。

(3) 对泵阀检查应注意密封环是否老化变形，弹簧弹力是否严重降低，阀口与阀芯有无磨损、腐蚀等缺陷，安装时阀端面应与泵体法兰面平，不能凹进。

(4) 蜗杆蜗轮要进行检查，其齿应完好无损，不应有裂纹或断齿，安装时要检查啮合接触情况。

(5) 活塞拆卸时，要用专用尖头工具把填料环从其槽内取出，注意不要损坏环槽。

4-225问 射流泵异常如何处理?

答：先到现场查看射流泵是否存在异响，用设备检查泵体内部噪声及振动，检查电机电流大小是否正常，检查泵压力表压力大小是否正常。关闭设备进行排气后再开启射流泵。

4-226问 水泵的维护保养应注意什么?

答：**(1)** 每半年检查、调整、更换水泵进出口闸阀一次。

(2) 应定期检查提升水池水标尺或液位计及其转换装置。

(3) 备用水泵应每月至少进行一次试运转。环境温度低于0℃时，必须放掉泵壳内的存水。

4.5 其他设备

4-227 问 加药设备如何维护保养?

答：(1) 加药设备定期检查，并定期排出加药罐中的杂物。

(2) 定期检查搅拌器和计量泵的润滑情况，3 个月进行一次检修。

4-228 问 离心脱水机如何维护保养?

答：(1) 定期检查备件和成套工具，定期将其补齐。

(2) 如果设备一段时间停用，所有与液体接触的部件都应加油润滑保养。

(3) 当设备长期停运再次启动时，机器内积累的污泥会产生机器转动的不平衡，但该现象持续一会就会消失，如果振动加剧，必须立即停车并抽出转子进行清洗。通常停车时间超过一周即为长期停车。

4-229 问 板框压滤机为什么要设置低压输送泵和高压输送泵?

答：低压输送泵和高压输送泵的输送效率各不相同，输送的压力也不同，只有低压输送泵和高压输送泵互相配合，才能达到最高的生产效率。

4-230 问 板框压滤机水是如何正常排出的?

答：由螺杆泵将混合药剂后的污泥混合液压入滤室，在滤布上形成滤渣，直至充满滤室。滤液穿过滤布并沿压榨板和配板沟槽流至板框边角通道，一部分通过暗管直接排出；另一部分通过明管的水龙头，排放进排水水槽后集中排出。

4-231 问 如何通过污泥的状态判断板框压滤机的正常运行?

答：(1) 板框压滤机将混合药剂后的污泥混合液，用螺杆泵输送至板框压滤机滤室，污泥混合液流经过滤介质（滤布），固体停留在滤布上，并逐渐在滤布上堆积形成过滤泥饼，而滤液部分则渗透过滤布，成为不含固体的清液，然后板框压滤机通过高压压榨，进一步排除污泥混合液中的水分，最终控制污泥含水率在60%左右。

(2) 污泥中含水率的多少与污泥烘干、处理工艺、污泥状态及流动性能密切相关。通常含水率在90%～95%时，污泥流动性强，呈含水状态；含水率在70%～75%时，污泥呈柔软状态，不易流动；通常一般脱水只可降到60%～65%，此时几乎成为固体；含水率低到35%～40%时，呈聚散状态（以上是半干化状态）；含水率进一步低到10%～15%则呈粉末状。

4-232问 板框压滤机常见故障及排除方法有哪些?

答：板框压滤机常见故障及排除方法见表4-1。

表4-1 板框压滤机常见故障及排除方法

序号	故障现象	产生原因	排除方式
1	滤板之间跑料	油压不足	参见序号3
		滤板密封面夹有杂物	清理密封面
		滤布不平整,折叠	整理滤布
		低温板用于高温物料,造成滤板变形	更换滤板
		进料泵压力或流量超高	重新调整
2	滤液不清	滤板破损	检查并更换滤布
		滤布选择不当	重做试验,更换合适滤布
		滤布开孔过大	更换滤布
		滤布袋缝合处开线	重新缝合
		滤布带缝合处针脚过大	选择合理针脚重新缝合
3	油压不足	溢流阀调整不当或损坏	重新调整或更换
		阀内漏油	调整或更换
		油缸密封圈磨损	更换密封圈
		管路外泄漏	修补或更换
		电磁换向阀未到位	清洗或更换
		柱塞泵损坏	更换
		油位不够	加油
4	滤板向上抬起	安装基础不准	重新修正地基
		滤板密封面除渣不净	除渣
		半挡圈内球垫偏移	调节半挡圈下部调节螺钉
5	主梁弯曲	滤板排列不齐	排列滤板
		滤布密封面除渣不净	除渣
6	滤板破裂	进料压力过高	调整进料压力
		进料温度过高	换高温板或过滤前冷却
		滤板进料孔堵塞	疏通进料孔
		进料速度过快	降低进料速度
		滤布破损	更换滤布

续表

序号	故障现象	产生原因	排除方式
7	保压不灵	油路有泄漏	检修油路
		活塞密封圈磨损	更换
		液控单向阀失灵	用煤油清洗或更换
		安全阀泄漏	用煤油清洗或更换
8	压紧、回程无动作	油位不够	加油
		柱塞泵损坏	更换
		电磁阀无动作	如属电路故障需要重接导线、如属阀体故障需清洗更换
		回程溢流阀弹簧松弛	更换弹簧
9	时间继电器失灵	传动系统被卡	清理调整
		时间继电器失灵	参见序号 10
		拉板系统电器失灵	检修或更换
		拉板电磁阀故障	检修或更换
10	拉板装置动作失灵	控制时间调整不当	重新调整时间
		电器线路故障	检修或更换
		时间继电器损坏	更换

4-233 问 膜集成设备如何保养?

答：膜设备应定期对其进行清灰等打扫工作，电气回路开关应定期检查其漏报是否正常动作，对端子排定期进行紧固工作，检查设备运行指示灯、线路是否松动，柜内照明是否正常，泵是否存在滴漏情况，电机运行中电流是否正常，是否存在异响。

4-234 问 PLC 设备如何进行维护?

答：**(1)** 定期检查设备。保证半年对 PLC 进行一次检查，尤其是检查 PLC 柜中接线端子的连接情况，若发现松动的地方及时重新坚固连接。

对柜中给主机供电的电源每月重新测量工作电压，保证其稳定性。

(2) 定期清洁设备。保证半年对 PLC 进行一次清扫，切断给 PLC 供电的电源，把电源机架、中央处理器（CPU）主板及输入/输出板依次拆下，进行清洁、吹扫。然后按原位安装好，将全部连接恢复后送电并启动 PLC 主机。此外，还要认真清扫 PLC 柜内卫生。

每 3 个月更换一次电源机架下方过滤网，保证过滤网的清洁。

4-235问 冷却塔运行前要做什么检查?

答：(1) 清扫现场，保证塔内、塔上无零星杂物。

(2) 复验各部件安装位置是否符合安装要求，各紧固件是否松动。

(3) 检查电动机绝缘电阻，以免电机运行时烧坏。

(4) 冷却塔运行前必须清理管道内杂物，以免堵塞布水器上出水孔，造成配水不均匀。

(5) 检查风机叶片处的叶尖与风筒壁间隙，保证叶尖和风筒壁间隙在规定范围内。

4-236问 冷却塔使用时要注意什么?

答：(1) 冷却塔进水必须干净清洁，严防安装时有残留的铁渣、污垢、杂物存在，以免卡住堵塞管道或堵塞喷头，对损坏的喷头应予更换，影响配水效果及冲坏淋水装置，如有上述情况应及时清除。

(2) 电动机减速机轴承应保持每半年加油一次；严防无油（低油位）运转，经常注意添加风机传动轴、轴承座润滑油。检查油路系统是否渗漏，检查传动轴、联轴器弹性圈，摩擦片有无损坏，损坏的应及时更换。

(3) 风机系统如发现异常现象，应立即停机检查，排除故障，叶片应视实际冲刷磨损情况决定是否返修，保证冷却塔处于良好的运转状态。

(4) 冷却塔在使用过程中，如发现水量损失过多，应及时采用补给装置来补充水，另外检查收水器有无破损，应及时更换。

(5) 每年将塔体外清洗一次，防止污物积聚影响进出水畅通。

(6) 在启动冷却塔时先开动风机，然后再进水，以免先布水再开风机后造成电机电流负荷过载，而引起损坏。

(7) 冷却塔停机后必须把集水池及管道内水放空，如停机时间较长，应对整塔进行检修，确保下次运行安全正常。

(8) 玻璃钢、填料等易燃，使用或维护时严禁与明火接触。

(9) 冬季冰点温度下，塔易发生结冰现象，应注意填料、进风窗等结冰问题，采取相应措施，帮助化冰。

4-237问 MBR生化池内温度无法降低怎么办?

答：MBR（膜生物反应器）生化池内温度应控制在35～38℃为理想状态。渗沥液厂是处理污水的单位，因此其比较容易结垢，当其他条件不变而生化池内温度上升时，大概率为板式换热器结垢导致换热效果差，需对板式换热器进行清洗。

4-238 问 板式换热器应选用什么清洗方法?

答：板式换热器可采取机械清洗、化学清洗、水枪冲洗。考虑到渗沥液厂的特点，一般选取高压水枪冲洗的方式进行板式换热器的清洗。

4-239 问 离心机的日常维护有什么内容?

答：(1) 每次出料后应及时发现各部连接处的松动现象加以紧固，检查接地转鼓等各部件的完好情况。

(2) 离心机必须有专人负责操作，不得随意增加装料限量，操作时注意方向应正确。

(3) 不得随意增加离心机的转速，在使用 6 个月后，必须进行全面保修一次，对转固部位清洗，并加注润滑油。

(4) 本机保持完好清洁，操作环境打扫清洁。

4-240 问 空压机日常如何保养?

答：(1) 保养的周期分为：月度保养、季度保养、年度保养。保养的目的在于防止故障而非排除故障。

(2) 经常检查电源控制开关、电源线有无异常。

(3) 定期检查油位高度，定期给电机添加润滑剂。

(4) 定期检查电机风扇片和通风罩，注意马达温度。

(5) 定期排放冷凝水，提升气罐的容量，降低机身的压力。

(6) 定期测量电机电压、电流。

(7) 定期清洗输水器。

(8) 经常检查机器有无跑、冒、滴、漏现象。

(9) 定期清洁空气过滤器。

(10) 注意振动和噪声，注意有无异常声响。

(11) 定期清洁油呼吸器。

(12) 定期对机身清洁，保持机器周围环境清洁。

(13) 长时间不用时，要在机身涂抹机油或防锈油封存管理。

4-241问 压力容器使用有什么要求?

答：压力容器使用需有设备使用登记证。压力表每6个月必须进行一次强检，安全阀每12个月必须进行一次强检，每个月应对压力表进行月度检查。

4-242问 哪些情况下需对压力容器采取紧急措施?

答：(1) 工作压力、工作温度超过规定值，采取措施仍不能有效控制。

(2) 受压元件发生裂缝、异常变形、泄漏、衬里层失效。

(3) 安全附件失灵、损坏，不能起到保护作用。

(4) 垫片、紧固件损坏，难以保证安全运行。

(5) 发生火灾等威胁到压力容器安全。

(6) 压力容器与管道发生严重振动，危及安全运行。

(7) 与压力容器相连的管道出现泄漏，危及安全运行。

4-243问 污水管道阀门如何维护?

答：选用不锈钢材质阀门。渗沥液厂设备容易结垢，半年开关一次阀门，及时对阀门加油，防止阀门锈蚀。发现阀门无法关死应及时更换阀门。

4-244问 电磁流量计产生零点漂移的原因是什么?

答：(1) 管道未充液体或液体中含有气泡。主观上以为流量传感器内无活动，而客观上存在着微量活动。

(2) 阀门运用久或液体污脏使阀门密闭不全也会导致零点不稳定现象的出现。

(3) 液体电导率变化或不平均，在静止时会使零点变动，活动时使输出晃动。

(4) 由于内壁外表结垢和电极污秽水平不可能完全一样和对称，毁坏了初始调零设定的均衡情况。

(5) 流量传感器附近的电力设备状态的变化（如漏电流增加）构成接地电位变

化，也会引起智能电磁流量计零点变动。

4-245 问 渗沥液厂应配备哪些设备检修管理类工种?

答：高压电工、低压电工、设备检修工、仪表检测工、自动化员工。

4-246 问 渗沥液厂需要什么设备?

答：高压供电设备、变压器、低压供电设备、水泵、风机、曝气设备、除臭设备、超滤集成设备、纳滤集成设备、反渗透集成设备、物料膜集成设备、DTRO 集成设备、除硬设备、污泥压滤设备、在线检测设备。

4-247 问 行车如何管理?

答：行车需每年进行年检，每个月需对行车进行月度检查，行车需定专人管理。

4-248 问 叉车需进行哪些检查?

答：(1) 检查燃油，润滑油、液压油和冷却液是否加足。

(2) 检查全车油、水有无渗漏现象。

(3) 检查各仪表、信号、照明、开关、按钮及其他附属设备工作情况。

(4) 检查发动机有无异常，工作是否正常。

(5) 检查转向、制动、轮胎和牵引装置的技术状况及紧固情况。

(6) 检查起升机构、倾斜机构、叉架和液压传动系统的技术状况及紧固状况。

(7) 检查随车工具及附件是否安全。

4-249 问 UPS 电源如何维护?

答：UPS 电源即为不间断电源。

(1) 检查 UPS 电源柜中各种驱动元件和印刷电路插件板，主电源电路、直流供电电路各焊点有无虚焊、假焊和裂缝，元器件有无烧焦变色现象。停电以后迅速用负载将UPS电源内部电容上面的电放完，同时将蓄电池开关断开，防止触电。这时用温度测试仪或用手摸元器件有无特别烫手的情况，对高温的器件要做详细的检查，必要时可更换。

(2) 检查蓄电池。一是测电压，二是测容量，用电池内阻测试仪检查蓄电池的容量。做到物尽其用，整组电池要保持UPS在满载情况下能工作5min左右，否则根据要求进行调整更换。

(3) 每年要对UPS电源进行一次彻底的清扫去垢，然后进行全面检查。首先是安全断电，把UPS维修开关切换到维修之路上，切断主电路市电1、市电2、蓄电池直流开关和旁路开关，使UPS电源置于完全停机的状态，然后清除机内积尘，测量蓄电池组的电压，最后检查风扇运转情况，检测调节UPS的系统参数等。

4-250问　检修班组人员如何分工?

答： 检修班组人员主要有维修工和电工，工种不同，分工不同。将全厂划分为若干区域，维修工与电工分别负责区域内各自的工作，相互配合又各有分工。全厂区域都纳入检修班组工作范围之内。

4-251问　为保障设备稳定运行，应建立哪些制度与计划?

答： 应建立设备的检查制度、维修计划、检修制度、设备巡查制度、工作票制度、工作监护制度、工作许可制度、特种设备使用制度、人员培训计划、抢修制度、设备应急预案。

4-252问　设备维修应有什么流程?

答： 接到设备维修任务后，应先前往现场查看设备状况，开工作票，执行安全措施，然后开始维修，恢复设备，检查结果，开启设备。

4-253问　检修班有哪些职责?

答： **(1)** 制订所管辖设备的年、季、月度检修计划，并计划性地有效实施。

(2) 负责维修班组备件备品的汇总统计与备齐。

(3) 负责制订管辖设备的安全操作规程和规章制度，并严格执行。

(4) 制订设备的巡回检查制度，并落实。

(5) 负责电井、管井所有设备设施的巡查、保养工作。

(6) 负责空调、强电、弱电、消防、给排水及泥水等所有维修任务，确保维修质量，控制维修材料。

(7) 统计日常维修的频繁故障点，并提出相应的维修或改造方案并最终落实。

(8) 负责完善公司内部设备设施安全使用、工程管理、维修管理及技术资料归档有关的管理制度。

(9) 负责班团队建设与维护、培训、考核和评估。

(10） 与其他班组或部门协调合作。

5

安全环保篇

5.1 安全生产总章程

5-254 问 安全生产总章程有哪些内容?

第一条：安全生产责任制必须贯彻“安全第一，预防为主，综合治理”的方针和坚持以人为本的原则。安全生产责任制是污水厂安全生产规章制度的核心，是最基本的安全管理制度，是做好安全工作的关键。

第二条：各级主要负责人是本厂安全生产第一责任人，其他员工，在部门和各自工作范围内，对实现安全生产负责。

第三条：安全生产人人有责，实行一岗双责制，做到有岗必有责，上岗必守责。

5.2 安全生产控制

5-255 问 渗沥液处理厂危险源主要有哪些?

答：沼气爆燃、有害气体中毒、锅炉爆炸、触电伤害、危险化学品灼伤、高空坠落、机械伤人等。

5-256 问 渗沥液处理设施在生产运行过程中有哪些因素可能对员工健康造成危害?

答：**(1)** 渗沥液中含有较丰富的有机质，在汇集、管道输送过程中，由于有机质的腐败，其中部分硫转化成 H_2S，在某些场合如通风不良，硫化氢积聚，造成空气中 H_2S 浓度过高，危害作业人员的健康。

(2) 某些处理构筑物水池面积大，池水深，如不慎跌入水池会造成溺水事故，甚至会造成溺水者死亡。

(3) 生产运行中风机、水泵等设备运行中产生较高的噪声。工人在高噪声环境中作业，会感到刺耳、烦躁、不舒服。长时间接触高噪声会导致听觉迟钝，甚至引起不同程度的耳聋。

(4) 生产过程中有一些用电设备和电器线路、电器开关等，若防护不良或绝缘层老化损坏，易造成电击、触电事故，严重时会造成人员伤亡。

5-257问　硫化氢中毒对人体有什么危害?

答：硫化氢（H_2S）是无色、具有臭鸡蛋气味，具有刺激性和窒息性的气体，是强烈的神经毒物，对黏膜有强烈的刺激作用。在检查井或配水井里会有少量的H_2S产生。

如果接触低浓度H_2S，会造成呼吸道和眼部的刺激，接触高浓度H_2S时，人体反应强烈，会出现中枢神经系统症状和窒息症状。H_2S中毒症状主要表现为局部刺激症状，如流泪、眼部灼烧、疼痛、怕光、结膜充血、剧烈咳嗽、胸部胀闷、恶心呕吐、头晕头痛，如果中毒过重，会出现呼吸困难、颜面青紫、狂躁不安的症状，甚至出现抽搐、意识模糊、昏迷、全身青紫的症状。

有报道称，如果人暴露在H_2S 980～1260mg/m^3的浓度下，只需15min，就会导致昏迷、呼吸麻痹，随即死亡。

5-258问　硫化氢中毒时怎样急救？

答：(1) 迅速将中毒者移离现场并拨打急救电话。若在井下等场所作业发生H_2S中毒时，应首先对作业点实施强制通风。抢救人员必须佩戴有氧防护面罩和安全绳索，在地面人员的牵引下，入井或管内实施抢救。抢救人员应与地面保持联系，发现异常，及时返回地面。

(2) 将中毒者放在通风的地方，松开衣服同时做好保暖，然后尽快让其接受治疗，而吸氧是首要的救治工作，有条件的应送高压氧舱。

(3) 进行人工呼吸，以压胸法为主，有必要进行口对口呼吸时，注意避免二次中毒。

(4) 及时将中毒者送往医院进行治疗。

5-259问　渗沥液厂有哪些生产安全和防护制度?

答：(1) 各岗位操作人员和维修人员必须经过技术培训和生产实践，掌握相应的理论知识、管理知识和操作能力，掌握该岗位各种机电设备的性能、特点，具备操作和维护的技能，并经考试合格后方可上岗。

(2) 各岗位操作人员的着装应符合安全防范要求，属下列情形之一的不得上岗：留长辫并未戴工作帽者；着裙子、拖鞋、高跟鞋者。

(3) 中控室值班人员定时组织值班运行人员进行巡视，检查有无安全隐患。

(4) 雨天或冰雪天气在构筑物上巡视或操作时，应注意防滑。

(5) 巡检作业时，必须两人同行并携带好“四合一”气体报警仪。

(6) 压滤机房等具有有害气体、易燃气体、异味粉尘和环境潮湿的车间必须做好通风，防止有害气体超标，危害操作人员身体健康。

(7) 对具有有害气体或可燃性气体的构筑物或容器进行放空清理和维修时，必须采取通风、换气等措施，应将甲烷含量控制在5%以下，H_2S含量、HCN和CO的含量分别控制在4.3%、5.6%、12.5%以下，同时，含氧量不得低于18%。待有害气体浓度符合规定时，方可进行操作。

(8) 严禁非本岗位人员启闭本岗位的机电设备。

(9) 按各种机械设备的运行要求，做好启动前的全面检查和准备工作。主要内容应包括：联轴器是否灵活，间隙是否均匀，有无受阻和异响声；检查设备所需油质、油量是否符合要求；各种显示仪表是否正常；供、配电设备是否完好，电机是否完好，周围环境是否正常；其他各项条件是否具备，待一切正常后方可开机运行。

(10) 启动设备应在做好启动准备工作后进行。启闭电器开关时，应按电工操作规程进行，当电源电压大于或小于额定电压5%时，不宜启动电机。应查明原因，电压正常后方可启动电机。

(11) 操作电器开关时，应遵守安全用电操作规程，防止设备损坏及伤亡事故。

(12) 各种设备维修时必须断电，并应在开关处悬挂维修标牌后，方可操作。防止其他人员合闸误操作，造成事故。

(13) 非电工不得拆装电气设备，损坏的电气设备应通知电工及时修复。

(14) 所有的起重设备都要由该部门专人操作和维护，吊物下不允许站人或行走，以免造成事故。

(15) 清理机电设备及周围环境卫生时，严禁擦拭设备运转部位，冲洗水不得溅到电缆头、电机带电部位及润滑部位。

(16) 操作人员工作时，应按各岗位工作性质不同，穿戴劳动保护用品。一般的操作人员也需要穿戴工作服，避免与渗沥液、污泥的直接接触。

(17) 建筑物、构筑物等的避雷、防爆装置的测试、维修周期应符合电业和消防部门的规定。

(18) 具有电气设备的车间和易燃易爆物品的场所，应按消防部门的有关规定设置消防器材。

(19) 定期检查和更换消防设施等防护用品。

(20) 严禁违章指挥、冒险作业。

5-260 问 渗沥液厂有哪些消防安全和防护制度?

答：**(1)** 实行逐级防火责任制，即以经理、部门主管、班组长等各级领导为防火责任人的责任制，负责防火安全的组织工作，正确处理防火安全与生产、利益的关系。

(2) 贯彻执行消防工作法规、法令，遵守消防工作的规章制度、办法，建立防火制度或制订防火公约并落实执行。

(3) 实行岗位防火安全责任制，根据不同岗位，结合生产管理，明确每个干部、职工的防火安全工作责任，并严格执行制度，以保证落实。

(4) 经常开展安全教育，普及防火和灭火知识，学习有关消防法规，并教育职工群众严格遵守。

(5) 建立防火安全检查制度，整改火险隐患，堵塞火险漏洞，防止火灾发生。

(6) 按消防部门的有关规定和安全生产运行的要求在各个相关的生产车间配备适当的消防器材和消防设施，避免火灾发生造成的损失。

(7) 对各构筑物配备的救护用品根据其损坏程度予以更换，对泡沫灭火器、四氯化碳灭火器等消防用品定期检查，过期的予以更换。

(8) 认真做好避雷针的检修工作，除一般检修外，还需按国家有关部门对避雷针的试验项目、校准要求做好校验工作，保证避雷器的功能正常。发现不符合要求的部件或装置应进行更换和检修，保证安全使用。

(9) 教育职工爱护消防器材，不能挪作他用，保证器材的完整好用。

(10) 发生火灾事故时，各部门负责人积极组织扑救，并协助公安机关查明原因，严肃处理。

5-261 问 渗沥液厂有哪些设备检修作业安全规程?

答：**(1)** 本规程的设备检修作业主要是指机械、电气设备的大、中修项目的作业。

(2) 设备检修作业开始前应办理审批手续，由作业班组长填写《设备检修作业审批表》。在作业审批表中根据设备检修项目要求，制订设备检修方案，明确检修人员、检修组织、安全措施，经部门负责人、安全主管审核后报主管领导审批。

(3) 检修项目负责人需按检修方案的要求，组织检修作业任务人员到检修现场，交代清楚检修项目、任务、检修方案，并落实检修安全措施。

(4) 检修项目负责人对检修安全工作负全面责任，并指定专人负责整个检修作业过程的安全工作。

(5) 设备检修如需高空作业、动土、下井作业等，需按规程办理相应的作业审批手续。

(6) 检修前必须对参加检修作业的人员进行安全教育。安全教育内容包括：检修作业必须遵守的有关检修安全规章制度；检修作业现场和检修过程中可能存在或出现的不安全因素及对策；检修作业过程中个体防护用具和用品的正确佩戴和使用方法；检修作业项目、任务、检修方案和检修安全措施。

(7) 检修前，应对检修作业使用的脚手架、起重机械、电气焊用具、手持电动工具、扳手、管钳、锤子等各种工器具进行检查，凡不符合作业安全要求的工器具不得使用。

(8) 采取可靠的断电措施，切断需检修设备上的电器电源，并经启动复查确认无电后，在电源开关处挂上“禁止启动”的安全标志。

(9) 对检修作业使用的气体防护器材、消防器材、通信设备、照明设备等器材设备应经专人检查，保证完好可靠，并合理放置。

(10) 对检修现场的爬梯、栏杆、平台、铁篦子、盖板等进行检查，保证安全可靠。

(11) 对检修所使用的移动式电气工器具，必须配有漏电保护装置。

(12) 对有腐蚀性介质的检修场所需备有冲洗用水源。

(13) 对检修现场的坑、井、洼、沟、陡坡等应填平或铺设与地面平齐的盖板，也可设置围栏和警告标志，并设夜间警示红灯。

(14) 应将检修现场的易燃易爆物品、障碍物、油污、积水、废弃物等影响检修安全的杂物清理干净。

(15) 检查、清理检修现场的消防通道、行车通道，保证畅通无阻。

(16) 需夜间检修的作业场所，应设有足够亮度的照明装置。

(17) 参加检修作业的人员应穿戴好劳动保护用品。检修作业的各工种人员要遵守本工种安全技术操作规程的规定。电气设备检修作业须遵守电气安全工作规定。

(18) 对设备检修作业审批手续不全、安全措施不落实、作业环境不符合安全要求的，作业人员有权拒绝作业。

(19) 检修结束后检修项目负责人应会同有关检修人员检查检修项目是否有遗漏，工器具和材料等是否遗漏在设备内。因检修需要而拆移的盖板、篦子板、扶手、栏杆、防护罩等安全设施要恢复正常。

(20) 检修所用的工器具应搬走，脚手架、临时电源、临时照明设备等应及时拆除。设备、地面上的杂物、垃圾等应清理干净。

5-262问 渗沥液厂有哪些用电作业安全规程?

答：**(1)** 设备电源的相线必须接开关。

(2) 对螺口灯座，中心接线柱必须接相线。

(3) 合理选择照明电压：当照明灯的安装高度低于2m时，要使用安全电压作照明电源。移动照明则根据工作环境，选择电源。

(4) 合理选择导线截面积、耐压等级及熔丝。

(5) 电气设备必须具有一定的绝缘电阻，而且必须定期检测和做好记录。

(6) 电气设备的安装要按产品说明书和安装规程的要求进行，严禁带电部分裸露。应装设必要的防护罩和联锁装置，必须严格按要求进行设备的保护接地或接零。

(7) 尽量避免带电作业，在危险的工作环境中则禁止带电作业。

(8) 不宜触摸运行中的高压设备。对断落在地面的高压电力线，行人应保持8～10m的距离，并设专人看守监视，然后处理。

(9) 任何电气设备在未经无电确认以前，应一律视作有电状态处理。

(10) 不要盲目依赖某些控制装置开关，只有切断电源并经验电笔测试无电后才能工作。

(11) 切断电源开关后，必须挂上停电标志牌（白底红字，“禁止合闸，有人操作”，尺寸240mm×130mm），必要时派人监守，然后检修线路或电气设备。

(12) 必须严格遵守搭接临时线的有关规定，严禁乱拉临时线。

(13) 安全用电所用变压器，必须是双线圈的，而且接地（零）必须良好。

(14) 在电容器上作业时，切断电源后必须先放电。

(15) 有多人同时进行电工作业时，必须有人领班负责及指挥，停送电必须按规定进行。

5-263问 渗沥液厂有哪些动火作业安全规程?

答：**(1)** 对动火区域进行分析，判断是否具备动火条件。

(2) 由动火单位申请动火许可证，确认动火单位、动火作业负责人、动火人、监火人。

(3) 根据动火作业地点确定动火等级。

(4) 根据现场测试数据、分析结果，确定可否进行动火作业。

(5) 动火作业过程需监火人全程进行监护。

(6) 动火人必须持证上岗。

(7) 动火作业结束后，必须仔细清理作业现场，确认火种熄灭。

(8) 动火许可证一式两份，一份交由作业现场，另一份交设备部门备案。

5-264问 渗沥液厂有哪些下井作业安全规程?

答：(1) 下井作业包括渗沥液池、检查井、泵坑、排水管道或其他封闭场所的清疏、维修、施工和检查作业。

(2) 作业人员上岗前必须接受必要的安全作业技术培训，掌握人工急救和防护用具、照明及通信设备的使用方法及相关的安全知识，培训考核合格后持证上岗。

(3) 下井作业前，必须履行审批手续，由作业班组长填写下井作业审批表，在作业审批表中，明确作业内容和安全措施，经部门负责人、安全主管审核后报主管领导审批。

(4) 作业前，先点清安全器材、工具及清疏机械、通风设备，严禁在设备、安全器材不齐备的情况下下井作业。

(5) 禁止进入管径小于800mm的管道内作业。

(6) 下井作业前，必须先打开作业井的井盖板，如为管道作业还需打开上、下游各2～3个检查井盖，让管、井空气流通15～30min，并要用竹（木）棒搅动泥水，以散发其中有害气体，经用气体探测仪检测符合安全标准后才可下井作业；2m以上的深井，必须用鼓风机进行强制鼓风15～30min，并用上述气体探测仪对井内的气体进行检测，直至各项气体指标符合安全标准，经现场安全监督人员确认后，才可下井，在开盖后，作业现场严禁明火，准备工作完成后方可下井。

(7) 进入管渠或深井作业时，必须戴防毒口罩、胶手套、安全帽，并穿上防水裤。如下深井（深度超过2m）作业时，必须配备悬托式安全带。在管渠内、井内严禁吸烟、点火。且每次井下连续作业时间不得超过40min。

(8) 下井作业，至少应有两人在井面配合、监护；若进入管道，需在井内增加监护人员作中间联络，井面监护人员在井下作业人员未上至井面之前，不准擅离井口，要时刻注意井下作业人员的状况。

(9) 尽量避免在特殊天气情况时下井作业。如非要下井时，必须采取足够的安全措施，保证落实本规程（6）、（7）、（8）三条措施后，方可下井作业。

（10） 井底与井面之间传递作业工具和输送淤泥等，要用绳索系牢进行，不得随意抛扔，且井圈范围内不得站人。

（11） 井面井底作业前，都必须在作业范围内设置足够的安全标志，在繁华地区作业时，还应指派专人维护现场秩序，以防危及车辆、行人和作业人员的安全。

（12） 在井、渠内作业时，如发现有异常情况，必须立即停止作业，采取应急防护措施，退到安全地带并保护好现场，迅速报告上级领导处理。

（13） 各班组长要经常对安全生产工作进行认真检查和落实，每周要将安全生产情况向主管领导汇报。安全管理人员要定期到现场检查和监督，并每月将各班安全生产情况向主管生产的直接责任人汇报。

5-265问 安全文明生产管理制度包括什么内容？

答：制订《安全文明生产管理制度》的目的是：认真贯彻“安全第一，预防为主”的方针，树立高度安全防范意识。

（1） 严格遵守各项安全规章制度，不违章作业，并制止他人违章作业，有权拒绝违章作业。

（2） 严格遵守各项操作规程，精心操作，保证原始记录整洁、准确可靠。

（3） 各级部门负责人及全体人员应牢记并做到“五同时”，即：在计划、布置、检查、总结、评比生产工作的同时，要计划、布置、检查、总结、评比安全工作，实行“一票否决制”。

（4） 岗位设置规范化，物品摆放应符合有关规定（特别是各类警示标志）。

（5） 当班人员有权拒绝非本岗人员随意进入其岗位和动用其岗位任何物品，有权拒绝不熟练的人员接替其工作。

（6） 按时巡视检查，发现问题及时处理。发生事故要正确分析、判断，按照“三不放过”的原则处理，并及时向有关领导报告。

（7） 正确使用、妥善保管各种防护用品和器具，按规定着装上岗。

（8） 新进厂的人员必须经“三级安全教育”并且考核合格方能上岗，特殊工种必须经过“特殊工种培训”并取得相应“资格证”方能上岗。

（9） 任何人不准带未成年人进入生产区。

（10） 加强设备维护，保持作业场所卫生、整洁。

（11） 工作人员不得行走或站立在生产区非安全位置。

（12） 经常检查走道板、护栏等，如有损坏或不牢固情况，立即汇报修理。

（13） 生产作业时，注意防滑，遇到池上积雪或结冰时，应先清扫，然后上池，不得在池上追逐奔跑，不得酒后上池。

（14）池上救生圈不得挪用。

5-266 问 安全台账管理制度包括什么内容?

答：建立健全安全管理基础台账，主要内容如下。

（1）安全生产会议台账。包括：安全生产相关文件的传达、学习和贯彻情况。安委会、安全例会等会议的记录、纪要和决议。具体记载会议名称、时间地点、参加人员、主持人、会议具体事项及处理结果等。

（2）安全生产组织网络台账。包括：各部门专（兼）职安全生产管理人员，各级安全生产管理人员。

（3）安全责任签约书（安全承诺书）。包括：各级安全生产责任制的落实签约，安全责任考核要求及定期考评结果；安全工作计划及其执行情况。

（4）安全生产宣传教育和培训台账。包括：安全生产宣传教育和培训的记录；具体记录企业负责人、安全管理人员、各类安全员、新进员工、特种作业人员的安全培训及培训考核情况；记录培训教育的时间地点、培训内容、考试成绩等，经过安全教育的人员要有本人的签名。

（5）安全生产检查台账。包括：日常安全生产检查记录、专项检查记录、飞行检查记录等安全设施，设备的运营情况；还要按专业特点、季节变化、节假日安排以及特殊作业要求，开展专项检查；检查的时间、地点、内容、检查人、检查出的问题、整改措施、完成时间等都要记录详细。

（6）安全生产隐患排查、重大危险源和重点要害部位台账。包括：安全生产隐患排除记录和整改记录情况（按照“五定”原则进行。“五定”原则，即对查出的安全隐患，要做到定整改负责人、定整改措施、定整改完成时间、定整改完成人、定整改检收人）；重大危险源和重点要害部位资料档案记录等。

（7）安全生产事故管理台账。包括：各类事故资料的情况。具体记录按照“四不放过”原则，进行事故原因和责任分析，吸取的教训、采取的防范措施和处理意见等。人员伤害事故要将当事人的基本情况记录在台账内。

（8）安全生产工作考核与奖惩台账。包括：安全生产工作考核与奖惩情况。具体记录：各部门、各岗位安全生产责任制的考核情况，要有各级安全工作和安全生产考核细则，对事故发生个人、集体的处罚情况，以及对在安全生产中做出贡献的个人表彰和奖励情况。

（9）消防安全管理台账。包括：消防安全管理网络、消防演练和应急预案、消防设施台账。

(10) 职业卫生和劳防用品台账。包括：职业病的防范工作，员工的职业病体检，防护用品的采购、使用、发放等记录。

(11) 本单位、各岗位的安全操作规程汇编。

(12) 安全应急预案汇编及演练台账。包括：各类业务的应急处置预案，预案演练计划与方案等。

(13) 安全费用的申请、使用台账。各类安全生产整改资金的投入，安全费用的使用，安全风险基金的使用记录等。

(14) 评估记录。危化品储存、使用情况，有毒有害物质评估记录。

(15) 其他资料。安全生产收发文、大事记等其他需要归档的资料。

5-267问　实验室主要产生的危害性事件有哪些?

答：仪器、烘箱漏电导致触电；烘箱高温导致烫伤；玻璃器皿掉落、碎裂导致划伤；试剂泄漏、倾倒导致化学灼伤等。

5-268问　实验室遇到化学药品灼伤的预防措施主要有哪些?

答：**(1)** 试剂瓶、杯要轻拿轻放，防止化学药品倾倒。

(2) 佩戴护目镜、口罩、橡胶手套等，避免直接接触化学药品。

(3) 试剂瓶放置位置距柜面、桌面边缘5cm以上。

(4) 配备紧急处理药物箱等。

5-269问　实验室操作产生触电事故的原因及预防措施有哪些?

答：**(1)** 常见事故原因

① 仪器、烘箱短路导致实验室的触电事故。

② 多个设备连接到一个插线板上，导致用电过载。

③ 接地线未接好。

④ 操作人员进误操作，如用湿的手或手握湿的物体接触电插头等。

(2) 应当采取的预防措施

① 开机前检查电源线，有电线裸露及时报告。

② 严禁湿手接触仪器、烘箱。

③ 每次开机记录仪器、烘箱的《设备运转记录》。

④ 做好仪器、烘箱的月度《分析仪器维护保养记录》。

⑤ 发生漏电后切断电源。

⑥ 漏电及时将触电者脱离带电体并急救，必要时报120。

⑦ 发生问题后致电仪器供应商或设备管理员进行维修。

⑧ 安装漏电安全保护器。

5-270问 调节池、MBR池区域主要产生的危害性事件有哪些？

答：(1) 有害气体泄漏导致的中毒。

(2) 可燃性气体泄漏而引起的火灾或爆炸事故。

(3) 踏空跌落敞开的进水口。

(4) 地面不平整或凸出管线等导致绊倒、撞伤。

(5) 在MBR池顶踩空导致高空坠落。

(6) 操作设备导致触电伤害、机械伤害等。

5-271问 调节池、MBR池有限空间作业的预防措施主要有哪些？

答：(1) 作业前对受限空间进行有效通风，并对有毒有害气体和氧含量检测，合格后方可开始工作。

(2) 对于有可能突然释放大量有害气体的清淤作业，作业人员要使用自给式防毒面具。

(3) 清池或在池边洞口作业时现场要有专人监护。

(4) 作业人员必须持有有限空间作业证。

5-272问 MBR池区域操作淹溺事故的原因及预防措施有哪些？

答：脚踏空是MBR池区域操作淹溺事故的主要原因，需要在进水口加装符合要求的防护栏杆、盖板，且不得随意拆除，定期检查，防止防护设施毁坏。

5-273问 厌氧罐、沼气储气柜主要产生什么危害性事件？

答：厌氧罐、沼气储气柜泄漏导致火灾或爆炸；蒸汽泄漏导致烫伤；厌氧罐顶操作导致高处坠落或高空坠物；有害气体泄漏导致中毒；空中横跨管线过低导致撞伤等。

5-274问 厌氧罐、沼气储气柜泄漏的预防措施主要有哪些?

答：(1) 发现密封垫损坏及时更换密封垫。

(2) 定时巡检发现法兰连接螺栓松动及时拧紧法兰螺栓。

(3) 发现法兰密封面损坏及时修理或更换法兰。

(4) 定时巡检发现螺纹连接没有拧紧、螺纹部分破坏及时拧紧螺纹连接螺栓。

(5) 发现阀门故障及时修理或更换阀门。

(6) 操作时，严禁敲打、撞击，严防静电、电火花、明火、碰撞等各类点火源产生，必须使用防爆工具。

(7) 沼气泵应采用防爆型电器并定期检测，沼气输送管道应采取防静电措施，阀门连接处如果螺栓少于6根，要采取等电位连接措施等。

5-275问 锅炉房主要产生哪些危害性事件?

答：(1) 锅炉超压、结垢导致锅炉爆炸事故。

(2) 点火时油雾达到燃爆极限导致炉膛燃爆事故。

(3) 蒸汽压力过高导致爆管发生烫伤事故。

(4) 操作设备导致触电伤害、机械伤害。

(5) 设备位置过低导致绊倒、撞伤等。

5-276问 锅炉房爆炸事故的预防措施主要有哪些?

答：(1) 每次开启锅炉前，检测水质pH值10～12。

(2) 停炉后压力低于3MPa时，打开排污阀排水（水位下降2～5cm）。

(3) 安全阀每半年送质检部门检定，每月手动测试一次。

(4) 锅炉每2年交有资质的单位内部检测一次，每年外部检测一次。

(5) 每年锅炉检定维修时，检修锅炉点火、吹扫装置，三次点火失败后，立即停炉报修。

(6) 司炉工在锅炉正常运转期间，禁止离开锅炉房。

(7) 发现锅炉正常泄压后仍超压立即停炉。

5-277问 锅炉操作中产生烫伤事故的原因及预防措施有哪些?

答:(1) 产生烫伤事故的原因

① 未佩戴手套作业。

② 阀门破损或接头松动、法兰连接松动。

③ 蒸汽压力过高。

(2) 预防措施

① 作业人员佩戴防烫手套。

② 持续观察液位计,操作水泵保证液位计在正常范围内。

③ 停炉后蒸汽降低到3MPa时,打开排污阀排水。

5-278问 锅炉操作中锅炉超压导致锅炉爆炸事故的原因及预防措施有哪些?

答:(1) 产生原因

① 安全阀失效。

② 燃烧打在"手动"位置。

③ 锅炉腐蚀、有裂纹。

(2) 预防措施

① 安全阀每半年送质检部门检定。

② 安全阀每月手动测试一次。

③ 锅炉每2年交有资质的单位内部检测一次,每年外部检测一次。

④ 司炉工在锅炉正常运转期间,禁止离开锅炉房。

⑤ 发现锅炉正常泄压后仍超压立即停炉。

5-279问 锅炉操作中锅炉结构导致锅炉爆炸事故的原因及预防措施有哪些?

答:(1) 产生原因如下。锅炉导热不良,局部过热干烧。

(2) 预防措施

① 每次开启锅炉前,检测水质pH值10～12。

② 停炉后压力低于3MPa时,打开排污阀排水(水位下降2～5cm)。

5-280问 锅炉操作中产生炉膛燃爆事故的原因及预防措施有哪些?

答：**(1)** 产生炉膛燃爆的原因

① 锅炉吹扫失败。

② 多次点火失败后，燃油吹扫不尽。

(2) 预防措施

① 每年锅炉检定维修时，检修锅炉点火、吹扫装置。

② 三次点火失败后，立即停炉报修。

5-281问 锅炉操作中产生运行时无法观测到水位表水位线现象的原因及预防措施有哪些?

答：**(1)** 产生原因

① 超过最高水位满水。

② 水位低于最低水位干烧。

(2) 预防措施

① 将水泵打在“自动”状态司炉工在锅炉正常运转期间，禁止离开锅炉房，实时监测水位。

② 冲水位表。

③ 满水时，打开排污阀放水至看到液位计。

④ 缺水时，停炉报修。

5-282问 膜处理系统主要产生的危害性事件有哪些?

答：**(1)** 操作设备导致触电伤害、机械伤害。

(2) 地面积水、不平整导致绊倒、撞伤。

(3) 清洗药剂导致过敏、灼伤等。

5-283问 膜处理系统操作设备导致机械伤害事故的预防措施主要有哪些?

答：**(1)** 作业时佩戴安全帽及防护装备、穿工作服、穿防护鞋。

（2）发现设备故障及时上报修复。

（3）设备保养、维修、更换机油，应在设备停止运转后进行。

（4）合理使用扳手、螺丝刀等常用工具。

5-284 问　板框压滤车间、离心机房主要产生的危害性事件有哪些？

答：（1）噪声污染。

（2）操作设备导致触电伤害、机械伤害。

（3）行车、叉车不规范使用造成伤害。

（4）地面积水、不平整导致绊倒、撞伤。

（5）投加药剂导致过敏、灼伤。

5-285 问　板框压滤车间、离心机房行车使用的管理制度包括什么内容？

答：（1）行车必须按照国家标准进行安全检查，包括每天作业前的检查、定期检查、对检查中发现的问题，必须立即进行检修处理并保存检修档案。

（2）行车操作人员严禁湿手或带湿手套操作，在操作前应将手上的油或水擦拭干净，以防油或水进入操作按钮盒造成漏电伤人事故。

（3）行车有故障进行维修时，应停靠在安全地点，切断电源，并挂上“禁止合闸”的警示牌。

（4）行车工需经培训考试，并持有操作证者方能独立操作，未经专门训练和考试不得单独操作。

（5）必须听从挂钩起重人员指挥，但对任何人发出的紧急停车信号，都应立即停车，严禁超载运行。

5-286 问　危化品仓库主要产生的危害性事件有哪些？

答：（1）盐酸烟雾吸入导致中毒和灼伤。

（2）化学品管道破裂喷溅导致灼伤。

（3）触电伤害。

（4）高处坠落。

5-287 问　危险化学品仓库管理的具体措施主要有哪些?

答：(1) 危险化学品存放点建筑耐火等级必须达到二级以上，防火间距应符合安全性评价要求和消防安全技术标准规范的要求。

(2) 危险化学品的存放应严格遵循分类、分项、专库、专储的原则，化学性质相抵触或灭火方法不同的危险品不得同存一库。

(3) 危险化学品存放点应张贴危险化学品 MSDS 单（化学品安全技术说明书），标明存放物品的名称、危险性质、灭火方法和最大允许存放量等信息。

(4) 危险化学品存放点应有醒目的职业健康安全警示标志，建立完善的安全管理制度，做到账物相符，发现问题及时处置和上报。

(5) 危险化学品存放点应根据其种类、性质、数量等设置相应的通风、控温、控湿、泄压、防火、防爆、防晒、防静电等消防安全设施，并定时定期进行安全检查和记录，发现隐患及时整改。

(6) 危险化学品库管人员必须经过国家专业机构的培训，并取得特种作业操作合格证后方可上岗作业。

5-288 问　低压间、MCC[1] 间操作产生火灾事故的原因及预防措施有哪些?

答：带入火种或者吸烟、人员误操作或者人员未持证操作是火灾事故的主要原因。由于跳闸或者停电等原因导致空调停机后，未及时处理，房间内温度升高，电气设备过热，温度超过绝缘材料允许温度后，也可能引起绝缘材料燃烧。

需要采取下列预防措施。

(1) 禁止带入火种、禁止吸烟。

(2) 非持证人员禁止进入操作。

(3) 禁止堆放可燃物。

5-289 问　电气设备的最高表面温度如何设置?

答：由于渗沥液处理中部分环节会产生较多的可燃气体（比如厌氧、污泥存储），这些气体成分复杂且体积比经常变化，因此，很难确定适用的气体引燃温度。国家对相关设备的最高表面温度组别有规定。按照我国《防爆电气标准》(GB 3836.1—2000)的有关规定，电气设备的温度度组别与设备允许最高表面温度和适用气体引

[1] MCC，motor control center，电机控制中心。

燃温度的关系如表5-1所示。为保证安全生产，渗沥液处理站的温度组别一般采取不低于的T4级别标准。

表5-1 电气设备的温度度组别与设备允许最高表面温度和适用气体引燃温度的关系

温度组别	最高表面温度/℃	适用气体引燃温度 T/℃	电气安全性能
T1	≤450	≥450	低 ↕ 高
T2	≤300	≥300	
T3	≤200	≥200	
T4	≤135	≥135	
T5	≤100	≥100	
T6	≤85	≥85	

5-290问 电气设备的安全防护措施有哪些?

答：电气设备防火、防爆、防雷、防静电涉及电控系统的安全以及相关设备、设施的正常运行，如果处理不到位，可能会发生严重安全问题，必须加以重视。可以采用如下的相关措施进行处理。

(1) 电气、仪表的设计，必须严格按电气防爆设计规范执行，按爆炸危险场所类型、等级、范围选择防爆电气设备。

(2) 动力电缆和控制电缆从控制室内经电缆沟，通过预埋、电缆桥架等方式铺设到各用电设备。

(3) 厂区的供电电源，应符合《供配电系统设计规范》(GB 50052—95) 的有关规定。

(4) 电缆接头及电缆沟、电缆桥架内电缆应涂阻火涂料、设置阻火包、阻火泥。电缆沟不准与其他管沟相通，应保持通风良好。

(5) 电气线路和设备的绝缘必须良好。裸露带电导体处必须设置安全遮拦和明显的示警标志、良好照明设施。

(6) 电气设备和装置的金属外壳及有外壳的电缆，必须采取保护性接地和接零。

(7) 按《建筑物防雷设计规范》(GB 50057—94)(2000年版) 的要求，发电站采用高杆避雷针保护全厂建筑物，接地电阻不大于4Ω，站内机电设备、管线及金属构架均进行保护性接地。所有防雷、防静电接地装置，应定期检测接地电阻，每年至少检测一次。

(8) 在照明设计中设事故应急照明，事故照明持续时间为1h，以保证后续的应急使用需求。

(9) 进入生产现场的所有人员一律不准吸烟。

(10) 操作人员启、闭电器开关时，应按电器操作规程进行。

(11) 必须断电维修的各种设备，断电后应在开关处悬挂维修标牌后，方可进行检修作业。

(12) 检修电器控制柜时，必须断掉该系统电源，并验明无电后，方可作业。

(13) 清理机电设备及周围环境卫生时，严禁擦拭设备运转部分，不得有冲洗水溅落在电缆接头或电机带电部位及润滑部位。

(14) 某一工序设备停机检修时，应首先关闭相关的前序设备，并将有关信息传至中央控制室和后续工序。

(15) 严禁非本岗位操作管理人员擅自启、闭本岗位设备，管理人员不允许违章指挥。

(16) 应在构筑物的明显位置配备必要的防护救生设施和用品。

(17) 防爆区域内严禁违章明火作业。

(18) 具有粉尘、异味、有害、有毒和易燃气体的场所，必须有通风措施，并保持通风、除尘、除臭设备设施完好。

(19) 在相关区域设置“安全告示”“安全周知卡”“应急处理方式”等标示。

(20) 消防器材设置应符合现行国家标准的有关规定，并定期检查、验核消防器材效用，如有必要必须及时更换。

(21) 建筑物、构筑物等的避雷、防爆措施，应符合国家标准的有关规定，并定期测试、检修。

5-291 问　接地装置的设计要求是什么?

答：**(1)** 接地电阻值应符合电气装置保护上和功能上的要求，并长期有效。

(2) 能承受接地故障电流和对地泄漏电流而无危险。

(3) 有足够的机械强度或有附加的保护，以防外界影响而造成损坏。

(4) 变配电所的接地装置应尽量降低接触电压和跨步电压。

(5) 严禁用易燃易爆气体、液体、蒸气的金属管道做接地线；不得用蛇皮管、管道保温用的金属网或外皮做接地线。

(6) 每台电气设备的接地线应与接地干线可靠连接，不得在一根接地线中串接几个需要接地的部分。

(7) 在进行检修、试验工作需挂临时接地线的地点，接地干线上应有接地螺栓。

(8) 明设的接地线表面应涂黑漆。在接地线引入建筑物内的入口处和备用接地螺栓处，应标以接地符号“⏚”。

(9) 保护用接地、接零线上不能装设开关、熔断器及其他断开点。

5-292问 离心泵有什么安全运行要求?

答：(1) 根据进水量的变化及工艺运行情况，应调节水量，保证处理效果。

(2) 水泵在运行中，必须严格执行巡回检查制度，并符合下列规定。应注意观察各种仪表显示是否正常、稳定。轴承温升不得超过环境温度35℃，总和温度最高不得超过75℃。应检查水泵填料压盖处是否发热，滴水是否正常。水泵机组不得有异常的噪声或振动。水池水位应保持正常。

(3) 应使泵房的机电设备保持良好状态。

(4) 操作人员应保持泵站的清洁卫生，各种器具应摆放整齐。

(5) 应及时清除叶轮、闸阀、管道的堵塞物。

(6) 泵房的提升水池应每年至少清洗一次，同时对空气搅拌装置进行检修。

5-293问 离心泵的安全操作要求有哪些?

答：(1) 水泵启动和运行时，操作人员不得接触转动部位。

(2) 当泵房突然断电或设备发生重大事故时，应打开事故排放口闸阀，将进水口处闸阀全部关闭，并及时向主管部门报告，不得擅自接通电源或修理设备。

(3) 清洗泵房提升水池时，应根据实际情况，事先制订操作规程。

(4) 操作人员在水泵开启至运行稳定后，方可离开。

(5) 严禁频繁启动水泵。

(6) 水泵运行中发现下列情况时，应立即停机。

① 水泵发生断轴故障。

② 突然发生异常声响。

③ 轴承温度过高。

④ 压力表、电流表的显示值过低或过高。

⑤ 机房管线、闸阀发生大量漏水。

⑥ 电机发生严重故障。

5-294问 厂区内易燃易爆区域的电气设备如何管理?

答：(1) 严禁在有爆炸和火灾危害的场所架设临时线路。

(2) 易燃易爆场所的电气设计，应符合该场所防爆要求。正常运行可能发生火花或产生高温的电气设备，应布置在易燃易爆场所以外。

(3) 在易燃易爆场所内，当电气设备有超负荷的可能时，应设有可靠的超负荷保护装置。

(4) 在生产时不允许工作人员进入的危险作业场所，其生产用电设备的控制按钮应安在门外，并与门联锁，确保门关闭后用电设备才能启动。

(5) 对于易燃易爆危险场所的电气装置应加强维修保养和定期检修、调试工作，保持良好的技术状况，严禁“带病”运行。

5-295问 厂区内工艺操作人员滑倒摔伤事故的原因及预防措施有哪些?

答：水管损坏、接头处泄漏，更换机油时滴漏使得地面积水、油渍，需要发现地面有积水、油渍时，及时清洁地面，查明原因，若无法查明原因，报告主管联系报修。厌氧罐、沼气处理系统操作、膜处理系统操作、离心机房操作、风机房、污泥浓缩液处理操作、仓库操作、锅炉操作的滑倒摔伤事故也是类似处理方法。

5-296问 厂区内容易产生触电事故的原因有哪些?

答：(1) 开关破损、湿手触碰开关及绝缘破损。

(2) 临时用电不规范。

(3) 电线、电箱老化、破损。

(4) 违章用电等。

5-297问 厂区内容易产生触电事故的预防措施有哪些?

答：(1) 发现开关破损，及时报修。

(2) 触碰开关时，保持手部干燥。

(3) 发现开关或线路绝缘破损及时报修。

(4) 佩戴绝缘手套，穿电绝缘鞋。

(5) 规范临时用电，杜绝违章用电。

5-298问 厂区内发生紧急触电情况如何应对?

答：发生触电时要使触电者尽快脱离电源。如有人员受伤，联系附近医务部门，进行紧急救护工作；如有火灾隐患应及时报告，紧急情况应先处理后报告。

(1) 对于低压触电事故，可采用以下方法使触电者脱离电源。

① 如果触电地点附近有电源开关或电源插销，可立即拉开开关或拔出插销，断开电源。

② 如果触电地点附近没有电源开关或电源插销，可用有绝缘柄的电工钳或有干燥木柄的斧头切断电源，或用干木板等绝缘物插入触电者身下，以隔断电流。

③ 当电线搭落在触电者身上或被压在身下时，可用干燥的衣服、手套、绳索、木板、木棒等绝缘物作为工具，拉开触电者或挑开电线，使触电者脱离电源。

(2) 对于高压触电事故，可采用下列方法使触电者脱离电源。

① 立即通知有关部门停电。

② 带上绝缘手套，穿上绝缘靴，用相应等级的绝缘工具按顺序拉开开关。

(3) 对触电者的紧急救护措施如下。

① 当触电者脱离电源后尚未失去知觉时，应立即将其抬到空气流通、温度适宜的地方休息，待医务人员到来后进行诊断和救治。

② 当情况严重时，如触电者出现失去知觉、心脏停止跳动及停止呼吸等假死现象时，则必须分秒必争，立即抢救，直至送到医院。

③ 对有心跳而无呼吸者，应立即做人工呼吸进行抢救。

④ 对有呼吸无心跳者，应立即按心外挤压法抢救。

⑤ 对既无呼吸又无心跳者，则应同时进行人工呼吸和心脏按压抢救。

5.3 周边环境保护

5-299 问 为什么渗沥液厂要设置初期雨水井?

答：为了从源头控制污水的产生量，渗沥液厂实行雨污分流制度。一般情况下初期雨水井的外排阀门是关闭的，如果发生渗沥液输送管道破裂或者调节池防渗膜损坏等情况导致渗沥液流入雨水收集管道的情况，可以通过水泵将初期雨水井的污水打入调节池中进行处理，避免发生污水未经处理直接外排的严重后果。

5-300 问 如何应对渗沥液厂发生冒池、管道爆裂而造成的污染事件?

答：(1) 做好防控措施，安排班组人员定期巡检，认真记录好池内液位、管道压力数据，发现跑冒滴漏现象的，及时维修整改。

(2) 针对渗沥液泄漏事件，做好相应的应急预案，并且定期实施演练。

(3) 在发生渗沥液管道破裂，渗沥液泄漏事件后，及时切断渗沥液需送管道的阀门，更换破损的管道、阀门。

(4) 及时清理现场，根据渗沥液是流入明渠还是雨排口的实际情况，做好封堵，利用水泵将被污染的水体抽入调节池，防止污水直接外排。

5-301问 如何控制渗沥液厂的臭味?

答：(1) 杜绝渗沥液输送管道的跑冒滴漏和调节池防渗透膜破损的情况。

(2) 确保厂区内除臭设施的正常运行。

(3) 对于调节池、板框车间等异味较大的区域，利用风炮喷洒雾化除臭剂，吸附空气中的异味分子，减少异味的产生。

(4) 严格规范作业程序，对于渗沥液厂各取样点及更换过滤器等作业，应做到作业结束后及时清理场地。

5.4 渗沥液厂各工种安全操作规程

5-302问 渗沥液厂安全主管、安全员的职责是什么?

答：(1) 组织或者参与拟订本单位安全生产规章制度、操作规程和安全生产事故应急救援预案。

(2) 组织或者参与本单位安全生产教育和培训，如实记录安全生产教育和培训情况。

(3) 督促落实本单位重大危险源的安全管理措施。

(4) 组织或者参与本单位应急救援演练。

(5) 检查本单位的安全生产状况，及时排查安全生产事故隐患，提出改进安全生产管理的建议。

(6) 制止和纠正违章指挥、强令冒险作业、违反操作规程的行为。

(7) 督促落实本单位安全生产整改措施。

5-303问 渗沥液厂安全班组安全检查的主要内容有哪些?

答：安全检查的主要内容包括：安全基础管理检查、现场安全检查。

(1) 安全基础管理检查的主要内容

① 检查各级领导对安全生产工作的认识，各级领导班子研究安全工作情况的记录、安委会工作会议记录（纪要）等。

② 安全生产责任制、安全管理制度等修订完善情况、各项管理制度落实情况、安全基础工作落实情况等。

③ 检查各级领导和管理人员的安全法规教育和安全生产管理的资格教有是否达到要求、检查员工的安全意识、安全知识教育以及特殊作业的安全技术知识教育是否达标。

(2) 现场安全检查的主要内容

① 按照作业流程、设备、储运、消防、检维修、职业卫生等专业的标准、规范、制度等，检查生产、作业施工现场是否存在安全隐患。

② 检查厂各级机构和个人的安全生产责任制是否落实，检查员工是否认真执行各项安全生产纪律和操作规程。

③ 检查生产作业、检修施工等直接作业环节各项安全生产保证措施是否落实。

5-304 问 污水处理操作工安全操作规程具体有哪些?

答：**(1)** 操作工作必须经专门的技术、安全培训，经考试合格持有《操作证》才能操作，工作中应集中精神，按作业指导书的规定精心操作，认真做好各项记录，坚守岗位，不准串岗、脱岗、睡岗。

(2) 启动设备之前，须注意观察周围是否有人，检查设备及其控制系统是否正常，阀门位置（开或关）是否与信号指示相符，对停用24h以上的电机，需通知电工检测绝缘良好后方可启动。

(3) 电动阀门开、关过程中，人不得接触手轮以防发生事故，阀门到位后（全开或全关）电机继续转动时，应迅速切断阀门电机主电源。

(4) 设备在运行中要按时巡检，认真监视仪表指示、轴承润滑、电机和轴瓦表面温度、螺丝紧固等情况，如发现异常或事故，应立即采取相应有效措施，以防事故扩大，同时做好启动备用设备、停用故障设备的准备。处理后应及时做好详细记录。

(5) 上水池巡检、操作必须两人以上，夜间上池必须有良好的照明，不得摸黑巡检操作。

(6) 检查设备时，必须严格执行停电、挂牌检修制度，检修水泵时，岗位值班人员应负责阀门切换和挂牌工作，以防发生泵房淹水事故。

(7) 进入水池、地下阀门井、下水井、污水管道操作或检修时，必须有人在外监护，必要时戴防毒面具。

(8) 水池清扫、管道检修前必须彻底排空，并确保通风。

(9) 设备检修结束后，操作人员应和检修人员一起检查安全防护装置是否恢复、螺丝是否紧固，一切正常后经检修负责人同意后，才能摘牌试车。

(10) 设备处于检修状态，交接班时应做好详细记录，交代安全注意事项。

5-305问 水质化验工安全规程具体有哪些?

答：(1) 所有试剂瓶要有标签，有毒药品要在标签上注明，剧毒品的使用必须严格执行有关管理规定。

(2) 严禁食具和器具混放、互相挪用，专用冰箱内不得存放食物，烘箱内不准烘烤衣服或熟食品。

(3) 移动、开启大瓶液体药品时，不能将瓶直接放在水泥地上，最好用橡皮布垫好，若为石膏包封的需用锯将石膏锯开或用水泡软后打开，禁止用它物敲打，以防破裂。

(4) 开启有毒性试剂瓶时，严禁瓶口直接对着操作者面部，用药后瓶口要及时盖严密，不得接触皮肤。操作完毕，立即洗手。

(5) 从事酸碱腐蚀药品操作时，需将身体与酸碱保持一定距离，应将容器口朝无人方向。

(6) 所有产生有毒气体的操作必须在通风柜内进行。

(7) 如需以鼻鉴别试剂时，需将试剂瓶远离，用手轻轻煽动，稍闻其气味，严禁鼻子接近瓶口。剧毒药品不准使用此法。

(8) 配置稀硫酸时，必须在烧杯等耐热容器内进行，并缓缓将硫酸加入水中，同时用玻璃棒不断搅拌，严禁将水直接倒入硫酸中。

(9) 玻璃管仪器在使用前要仔细检查，有裂缝或损坏的不可使用。

(10) 身上或手上沾有易燃物时，应立即冲洗干净，不得靠近明火。

(11) 严禁试剂入口，用移液管吸液时，要用橡皮球（洗耳球）进行。

(12) 所有固体不溶物及浓酸严禁倒入水槽，以防堵塞和腐蚀水道，处理后的酸碱废液必须先打开水门，方可导入水槽。

(13) 取下正在沸腾的水或溶液时，需先用烧杯夹子轻轻摇动后，才能取下使用，以免使用时突然沸腾溅出伤人。

(14) 使用酒精灯时，注意防止无色火焰烫伤。

(15) 溶解氢氧化钠、氢氧化钾等发热物时，必须在耐热容器内进行。

(16) 使用压缩气体的钢瓶，必须放在安全可靠的地点，使用者必须熟知气瓶的使用规定。

(17) 氧气瓶必须有减压阀才能使用，开气时气嘴不能对人。

(18) 各种化学溶液不能溅洒在电线和电器设备上，严禁用湿布擦拭电气设备和用湿手开、关电气开关，谨防触电。

(19) 电气设备发生故障时，要先切断电源，并通知电气维修人员检查和修理。

(20) 检验结束后，及时切断电源。

5-306问 修理工安全操作规程具体有哪些?

答：**(1)** 所用工具必须牢固可靠，不得使用带有毛刺、裂纹、手柄松动等不符合安全要求的工具。

(2) 工作中要注意周围人员及自身的安全，不准戴手套打锤，不准打迎头锤，防止因挥动工具致使工具脱落、工件及铁屑飞溅造成伤害，两人以上一起工作要注意协调配合。

(3) 到岗位检修，应征得当班人员同意后，方可工作。

(4) 检修开始前，先检查电源、气源、水源、油源是否断开，机器与动力源未切断时禁止工作，必要时请电工切断电源，取下保险丝，并在相应的开关上挂“有人工作，禁止合闸”的警告牌。

(5) 检修水泵前，必须可靠地关闭进、出口阀门，掀开泵盖后，要防止工具掉入泵内。

(6) 检修完毕后，仔细检查所带工具、零件是否齐全，在确认没有遗忘在设备里后方可试车。

(7) 机械设备上的安全防护装置未恢复之前，不准试车，不准移交生产运行。

(8) 拆卸或移动重大物件或支架前，应做好可靠的悬挂或支撑措施，以防物体突坠伤人。

(9) 拆卸下来的零件，应尽量放在一起，不要乱丢乱放。

(10) 用人力移动机件时，人员要妥善配合，工作时动作要一致；抬轴杆、螺杆或其他重物时，要稳起、稳放、稳步前进。

(11) 使用行车（电动葫芦）起重和搬运重物，要严格遵守“吊车十不吊”的规定，与行车工、起重工密切配合。

(12) 清洗零件时，严禁吸烟、打火或进行其他明火作业，不准用汽油清洗零件、擦洗设备或地面，废油要倒在指定容器内，定期回收，不准倒入下水道。

(13) 工作地点要保持清洁，油液、污水不得流在地上，以防滑倒伤人。

(14) 配合焊工工作，要佩戴防护眼镜和手套，以防电弧伤人。

(15) 在工作中不准用扳手、锉刀等工具代替手锤砸打物体，不准用嘴吹或手摸锉削、钻孔出来的铁屑，以防伤害眼和手。

(16) 使用电动工具前，应做认真检查，外壳必须做可靠接地（或接零），电源连接必须用专用插头。

(17) 设备上的电气线路、器件或电动工具发生故障，应由电工修理，不准擅自拆卸，不准私接临时电源。

5-307问 电工安全操作规程具体有哪些?

答：**(1)** 严格执行国家《电业安全作业规程》。

(2) 维修工作必须有工作票、任务单。工作票、任务单上必须有完成工作的安全措施。

(3) 到生产岗位检修，应征得班长或主值班员同意后，做好安全措施，方可进行工作。挂摘警告牌时，应向岗位人员交代清楚，并要求在岗位值班记录上详细记录。

(4) 工作前，必须检查工具、测量仪表和防护用具是否完好。

(5) 工作前必须验电。任何电气设备（包括已停电设备）未经验电，一律视为有电，不准用手触试。

(6) 电气设备不准在运转中拆除修理，必须在停车后切断设备电源，取下熔断器，挂上“禁止合闸，有人工作”的警告牌，并验明无电后，方可进行工作。大电感的设备还须放电。

(7) 电器或线路拆除后，对可能来电的线头必须先用绝缘胶带包扎好。

(8) 更换电器元器件，必须与原电器元器件的型号、规格相同，若需使用代用品时应得到电气技术人员的批准，但容量、规格等必须相符。

(9) 低压设备上必须进行带电工作时，要经过电气技术人员批准，并设专人监护。工作时必须戴安全帽，穿长袖工作服，戴绝缘手套，使用有绝缘柄的工具，并站在绝缘垫上工作。相邻带电部分和接地金属部分之间应用绝缘板隔开，严禁使用锉刀、钢尺等进行带电工作。

(10) 禁止带负荷拉开动力配电箱的闸刀开关。

(11) 带电装卸熔断器时，要佩戴防护眼镜和绝缘手套，必要时使用绝缘夹钳，站在绝缘垫上。禁止用钢丝钳装卸熔断器。

(12) 在带电的电流互感器二次回路上工作时，要严防二次侧开路。断开电流回路前，必须使用短路片或短路线在电流互感器二次侧的专用端子上短路，严禁用导线缠绕。

(13) 每次维修结束时，必须清点所带工具、零件，以防遗失和留在设备内造成事故。

(14) 电气设备安装检修后，必须经检验合格并恢复防护装置后方可交付使用。

(15) 电气设备的金属外壳必须可靠接地，接点电阻要符合标准。临时使用的电气设备的金属外壳也必须可靠接地。

(16) 动力配电盘、配电箱、开关、变压器等各种电气设备附近不准堆放各种易燃、易爆、潮湿和其他影响操作的物件。

5-308问 外委单位入厂施工有哪些要求?

答：**(1)** 施工单位从事的新建、扩建、改建和拆除等工程活动，应当具备国家规定的注册资本、专业技术人员、技术装置和安全生产等条件，依法取得相应的资质证书，并在其资质等级许可的范围内承揽工程。

(2) 施工单位应按《合同法》规定与建设单位签订施工合同书，合同书中应有安全条款，并签订《安全协议书》。

(3) 施工单位主要负责人依法对本单位的安全生产工作全面负责，施工单位的项目负责人应当由取得相应执业资格的人员担任，对承包工程项目的安全生产负全面领导责任。

(4) 施工现场安全由施工单位负责。实行施工总承包的，由总承包单位负责。分包单位由总承包单位负责，并服从总承包单位对施工现场的安全生产管理。

(5) 施工单位应当设立安全生产管理机构，现场配备专职安全管理人员，安全员必须坚守岗位并有明显的标志。

(6) 施工单位必须建立健全并落实安全生产责任制和安全生产培训制度，制订安全管理规章制度和操作规程，对所承担的建设工程进行定期和专项安全检查，并做好安全检查记录，及时协调整改存在的问题和隐患。

(7) 施工单位应当在施工组织设计中编制安全技术措施，建立高危作业安全施工及应急抢险方案，经施工监理单位审核后实施。

(8) 施工单位应当做好逐级安全交底工作，向施工作业人员提供安全防护用具和安全防护服装。

(9) 施工单位应当在施工现场建立消防安全责任制度，确定消防安全责任人，制订用火、用电、使用易燃易爆材料等各项消防安全管理制度和操作规程。

(10) 施工单位应当对管理人员和作业人员加强安全生产教育培训，安全生产教育培训考核不合格的人员不得上岗，特种作业人员必须经培训考核取得特种作业人员操作证后持证上岗。

(11) 施工单位应当为施工现场从事危险作业的人员办理意外伤害保险，意外伤害保险费由施工单位支付，实行施工总承包的，由总承包单位支付意外伤保险费。意外伤害保险费保险期限自建设工程开工之日起至竣工验收合格。

(12) 施工单位应当制订安全生产事故应急救援预案，建立应急组织或配备应急救援人员，配备必要的应急救援器材、设备、并定期组织操练。发生安全事故后，施工单位应当采取措施防止事故扩大，保护事故现场。按照国家规定及时、如实向相关部门报告。

(13) 施工现场符合安全管理规定。

5-309 问 渗沥液厂有哪几项危险作业需要办理许可证?

答：动火证、有限空间证、高处作业证、吊装作业证、临时用电作业证、盲板抽堵作业证、破土作业证、断路作业证。

6

应急预案篇

6-310问 渗沥液水量小的情况下如何制订系统运行的工艺方案和措施?

答：在填埋场运行初期或者渗沥液产量较小的冬季，应提前做好准备，在渗沥液调节池内储存渗沥液，以备在上述时期，以小流量给生化系统供水。对于生化系统，需要采用不间断曝气的方式保证硝化菌的活性；采用增大排泥、减小污泥浓度的方法，同时低频运行风机降低风量保证整个系统的正常运行；对于超滤系统，当处理量小时，可以通过降低系统运行时间的方法来保证整个系统的顺利运行。

6-311问 渗沥液厂如何应对季节性水量变化?

答：由于老港渗沥液厂工程的调节池容量大，在水量大时，调节池具备较大的缓冲余地。并且，外置式膜生物反应器设计安全余量较大，生化部分可应变一定范围内的水量冲击。膜生物反应器鼓风曝气风机设计为变频风机和普通风机相搭配，可有效地应对水量波动，并且达到节能的目的。外置式超滤膜设有两条环路，两条环路独立运行，设计时考虑了安全余量，当水量较小时可关闭其中一条环路，其他环路不受影响，达到节能的目的。

另外，老港渗沥液厂工程采用的工艺方法都有一定的设计余量，当水量增大时，各处理工序仍然能够正常运行，可以根据水量和水质的变化情况适当调节操作运行参数，能够满足处理要求。

6-312问 渗沥液厂如何应对季节性水质变化?

答：考虑填埋场水质随季节变化波动幅度较大，并且随着填埋年限的增加，水质变化也较大，为保障渗沥液处理系统的脱氮稳定性、节约系统运行成本，设计水质均化调节系统（配水井及调节池），采用焚烧厂产生的可生化性较好的渗沥液原液与填埋场渗沥液进行适当的混合调配，提高渗沥液的可生化性，使渗沥液处理系统的进水水质维持较好的可生化性和较好的碳氮比。

6-313问 怎样制订最终出水COD超标的应急预案?

答：渗沥液原水COD超过设计值较多，超滤出水COD较平时要高出较多，解决方案如下。

(1) 当曝气风量还有富余量时，提高曝气风量。

(2) 降低进水量。

(3) 降低进水COD，如采用低COD的渗沥液与高COD的渗沥液混合进水时，使生化进水COD稳定在设计值左右。

6-314问 怎样制订亚硝态氮含量超过设计指标的应急预案?

答：由于亚硝态氮对COD具有贡献作用，因此当生化单元出水亚硝态氮含量过高时将导致纳滤出水超标。亚硝态氮含量超标主要有三个原因。

(1) 生化单元运行不稳定。生化单元运行不稳定有可能导致生化单元出水亚硝态氮过高；需要在运行过程中注意监控各方面生化指标数值，确保生化单元稳定运行。

(2) 曝气风量不够。当硝化曝气风量不足时，可能导致硝化反应的两段反应速率出现异常，从而导致亚硝态氮不能完全转化为硝态氮；处理时提高曝气风量，使硝化池的溶解氧保持在2.0mg/L以上。

(3) 硝化pH值异常。当硝化反应pH值超过设计范围时也可能导致出水亚硝态氮过高。应调节生化pH值在6.8～7.8。

6-315问 如何制订膜组件损毁应急预案?

答：当纳滤出水超标时，化验超滤COD，若与平时运行差别不大，应考虑纳滤的密封损坏或反渗透膜损坏，纳滤出水可能泛黄。应联系配套设备单位，检查纳滤的密封情况或更换反渗透膜；当超滤出水COD远超平时运行的正常值时，应修补或者更换超滤膜。

6-316问 纳滤产率过高应急预案?

答：当纳滤的产率调节过高时，有可能导致纳滤出水的COD超标，此时需将产率调节至设计值的85%。

6-317问 如何制订厌氧出水带泥过多应急预案?

答：当厌氧不稳定时，出水带泥过多也会导致后续负荷增大，从而导致系统最终出水超标。解决方案如下。

(1) 稳定厌氧的温度、pH值以及其他参数至设计范围，使厌氧恢复至移交状态。

(2) 向厌氧出水中间水池投加少量的絮凝剂，启用中间水池污泥回流。

6-318问 如何制订超滤出水氨氮超标应急预案?

答：当生化系统中的氨氮含量过高时，将导致硝化反应受到抑制，因此一般情况下，生化系统内的氨氮（超滤出水氨氮）应控制在15mg/L以下，当氨氮过高时应采取相应的措施。根据氨氮过高的原因不同，制订不同的应急预案。

(1) 渗沥液原水氨氮超过设计值。当渗沥液原水氨氮超过设计值较多的时候，超滤出水氨氮可能超过设定值。解决方案为：当曝气风机还有富余量时，应提高曝气风量；降低进水量；降低进水氨氮浓度，如果采用低氨氮浓度的渗沥液与高氨氮浓度的渗沥液混合，使生化进水氨氮稳定在设计值左右。

(2) 硝化池溶解氧过低。由于硝化微生物对缺氧状态较为敏感，当硝化池的溶解氧过低时，氨氮出水将超标。解决方案：当曝气风机还有富余量时，应提高曝气风量；降低进水量；降低进水污染物浓度，如果采用低污染物浓度的渗沥液与高污染物浓度的渗沥液混合，使生化进水氨氮稳定在设计值左右。

(3) 硝化池pH值异常。由于硝化微生物对pH值较为敏感，当硝化池的pH值异常时，出水氨氮将超标。将pH值异常分为过高和过低两种情况，过低一般是因为渗沥液碳氮比过低，导致系统反硝化不完全，从而导致硝化微生物的死亡。过高一般是由于硝化池因溶氧低，导致硝化能力不足产酸减少，使得pH值过高需加大曝气提高溶解氧含量。因此，需要调节生化pH值至设计范围，同时，投加外界碳源，或采用新老渗沥液混合的方法，提高原水碳氮比。

(4) 反应器温度过低或过高。膜生化反应器温度过高或过低都将影响硝化微生物的活性，引起出水氨氮超标，因此，生化反应器的温度应控制在不低于30℃且不高于40℃。

(5) 生物抑制类毒性物质的使用。当向膜生化反应器中投加或原水中含有对生化反应具有明显抑制作用的毒性物质时，也会导致生化反应的异常，应及时排查毒性物质并采取相应措施。

(6) 硝化反应器溶解氧过低。为保障硝化反应器的溶解氧稳定，应确保系统进水负荷正常，及时排泥，稳定生化液位及定期检查射流曝气系统是否异常。

6-319问 冬季低温如何应对?

答：老港渗沥液处理厂所处的上海市，冬季平均气温较低，冬季低温时，可利用蒸汽锅炉厂的热源对系统进水进行加热，提高进水温度，增强厌氧反应效率，产生的沼气所提供的热值足够满足进水加热的要求。生化单元采用钢混结构，具有很好的保温性。由于膜生物反应器为高负荷生化反应，在生化降解过程中，有机物、氨氮的氧化过程，使得部分化学能转化为热能，也使温度有所升高；动力设备风机、水泵运行过程机械能转化为热能，也使温度升高5℃以上，超滤混合液回流到生化罐循环维持液体相对稳定的温度。不需要辅助额外的加热措施。膜处理设备如超滤、纳滤、反渗透等设备均安装在室内，基本不受气温变化影响。

6-320问 如何应对夏季高温?

答：夏季高温主要对膜生物反应器影响较大，当反应器温度高于40℃时，好氧微生物将会死亡，因此膜生物反应器设有配套的冷却系统，当反应器内反应温度过高时，冷却系统启动对生化反应进行冷却。

6-321问 怎样制订防大风、雷暴雨等突发事故应急措施?

答：(1) 在大风、雷暴雨来临前做好准备，关好、关严门窗。

(2) 准备好各种用具，如雨衣、雨鞋、手电等。

(3) 大风、雷暴雨到来时，加紧巡检，发现事故隐患应迅速及时处理并上报。

(4) 雷电过大时，应密切注意各构筑物和运转设备的运行情况。

(5) 消防系统完好备用，特别时灭火器。消防器材、工具放置指定地点，由岗位负责人员保管，应定期进行检查。不准堵塞消防通道。

(6) 有关设备、管线需有可靠安全的接地装置，每年雷雨季节前检测电阻并记录。

6-322问 怎样制订大雨、特大暴雨的应急方案?

答：(1) 清理防洪沟，防止大雨溢进污水处理站，淹没设备，冲垮构造物，尽可能地防范大雨造成雨污水、渗沥液溢流的污染事故。

(2) 雨污水、渗沥液处理站需要做好防雷工作，定期检测防雷设施，保证设备和人身安全。

(3) 对可能出现工艺运行不稳定、排水超标的污染事故的防范，首先从严格工艺控制入手，防范排水超标；第二，通过处理水量的控制与调节，稳定运行工况；第三，对出现的排水超标，特别是色度超标，要采取物化降污等有效措施，防范污染事故发生。

6-323问 怎样制订设备突发故障的应对措施？

答：渗沥液厂的稳定运行是至关重要的，因此，需设计保证设备体系稳定运行的措施保障。

(1) 选用知名品牌的设备，保障设备的质量。

(2) 对于关键设备均设置整机备用，保证系统的稳定运行。

(3) 列出详细的维护保养规范，指导运行人员对设备进行正确、及时的维护保养，使设备随时处于良好的运行状态。

(4) 保证渗沥液厂日常运行过程常用的易损件、备品备件的库存，以便设备发生故障时能及时更换。

(5) 了解设备的售后服务体系，保留售后服务联系方式，以便设备发生故障时能及时找到设备售后人员到场分析故障原因并排除故障。

6-324问 怎样制订酸泄漏事故应急预案？

答：渗沥液厂的药剂间设有硫酸储槽，硫酸本身具有强腐蚀性。因此，如果产生硫酸泄漏事故，应按照如下方案进行应急处理。

(1) 疏散与隔离。在硫酸的运输、使用、储存过程中一旦发生泄漏，首先要疏散无关人员，隔离泄漏污染区。同时，现场人员在保护好自身的安全的情况下，应及时检查事故部位，如为大批量泄漏应向有关人员及拨打“119”报警，请求消防专业人员救援，同时要保护、控制好现场。

(2) 人员伤害应急处置。如果工作人员被盐酸喷洒或者是溅到身上，应迅速撤离泄漏源，并按照腐蚀性液体伤害应急处理方案进行处置。

(3) 泄漏控制

① 进入现场的人员必须穿防酸服、防酸碱雨鞋，戴上防护面罩。

② 应急处理时严禁单独行动，要有监护人。

③ 对泄漏处及时进行修补和堵漏，制止进一步泄漏。

④ 要防止泄漏物扩散殃及周围的建筑物、车辆及人群，万一控制不住泄漏，要及时处置泄漏物。

(4) 泄漏物处置。酸少量泄漏，可用大量清水冲洗。而大量硫酸泄漏后四处蔓延扩散，难以收集处理，可以筑堤堵截或者引流到安全地点。

6-325问 机械伤害事故应急处理预案包括什么内容？

答：（1）发生断手（足）、断指（趾）的严重情况时，现场要对伤口包扎止血、止痛、进行半握拳状的功能固定。将断手（足）、断指（趾）用消毒和清洁的敷料包好，切忌将断指（趾）浸入酒精等消毒液中，以防细胞变质。然后将包好的断手（足）、断指（趾）放在完好的塑料袋内，扎紧袋口，在袋周围放些冰块，或用冰棍代替［切忌将断手（足）、断指（趾）直接放入冰水中浸泡］，速随伤者送医院抢救。

（2）发生皮肤撕裂伤时，必须及时对受伤者进行抢救，采取止痛及其他对症措施；用生理盐水冲洗有伤部位，涂消毒药品（红汞等）后用消毒大纱布块、消毒棉花紧紧包扎，压迫止血；同时拨打急救电话或者送医院进治疗。

6-326问 腐蚀性液体伤害应急处理预案包括什么内容？

答：（1）酸碱眼部伤害。酸碱（硫酸、盐酸、硝酸、氢氧化钠、氢氧化钾、石灰、氨水等）烧伤眼睛，烧伤后冲洗患眼是最迫切有效的急救方法。酸碱烧伤后必须立即用清水冲洗眼睛15min。如现场无清水可用，池塘水、沟水、井水均可。在无人协助的情况下，可倒一盆水，双眼浸入水中，用手分开眼睑，做睁眼、闭眼、转动眼球的动作，一般冲洗30min以上，同时拨打急救电话或者送医院进治疗。

（2）酸碱皮肤伤害。立刻采用清水冲洗，冲洗时间30min以上，如伤害严重，应及时拨打急救电话或者送医院进行治疗。

主要参考文献

[1] 王光义，蔡曙光，胡延国．生活垃圾焚烧厂渗沥液处理技术与工程实践［M］．北京：化学工业出版社，2018.

[2] 王春荣，王建兵，何绪文．水污染控制工程课程设计及毕业设计［M］．北京：化学工业出版社，2018.

[3] 楼紫阳，赵由才．渗滤液处理处置技术及工程实例［M］．北京：化学工业出版社，2007.